东海

故事

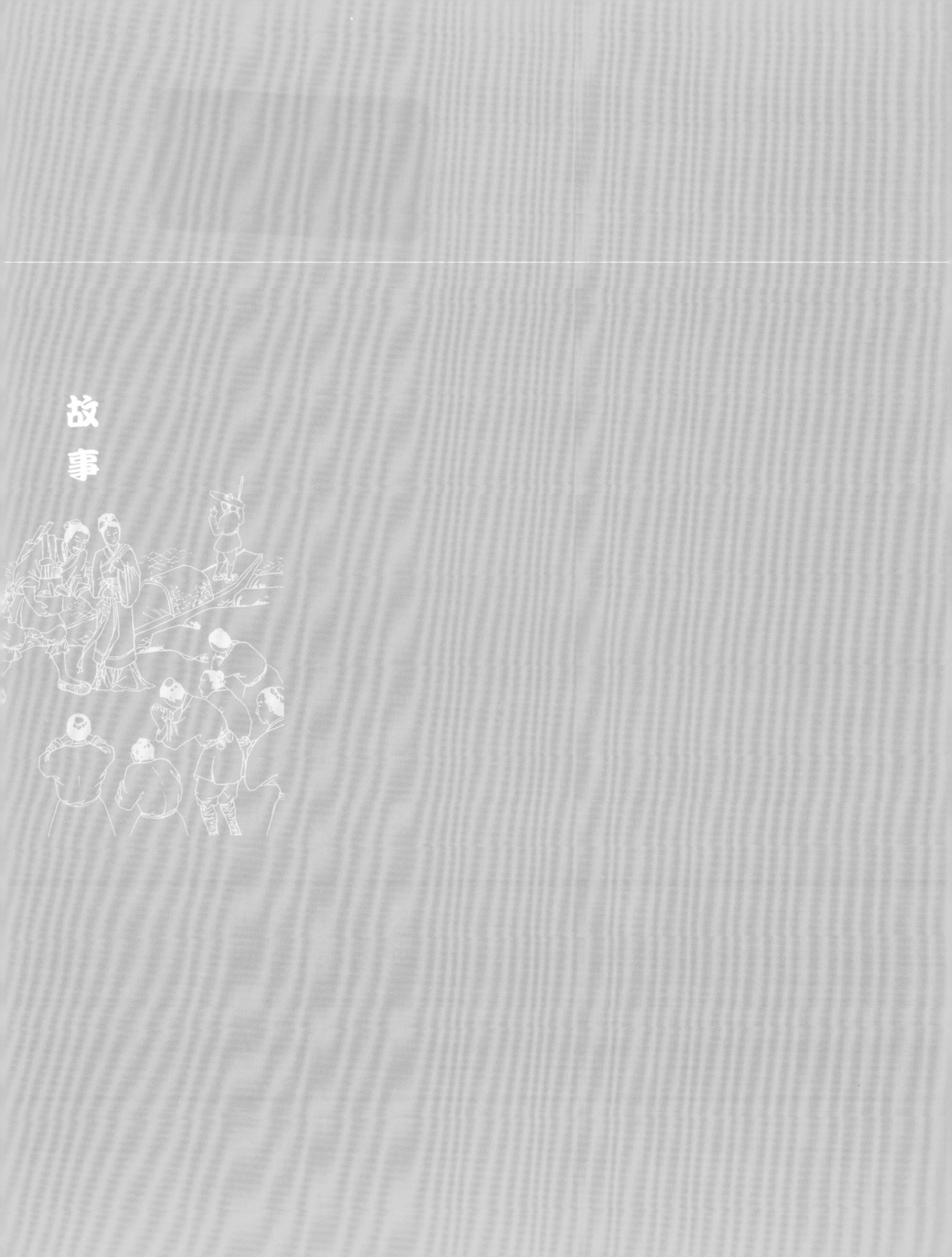

Stories of
East China Sea

东海故事

李建筑 ◎ 主编

文稿编撰 / 柳晓曼

中国海洋大学出版社
CHINA OCEAN UNIVERSITY PRESS

· 青岛 ·

魅力中国海系列丛书

总主编　盖广生

编委会

主　任　盖广生　国家海洋局宣传教育中心主任
副主任　李巍然　中国海洋大学副校长
　　　　　苗振清　浙江海洋学院原院长
　　　　　杨立敏　中国海洋大学出版社社长
委　员　（以姓名笔画为序）
丁剑玲　曲金良　朱　柏　刘宗寅　齐继光　纪玉洪
李　航　李夕聪　李学伦　李建筑　陆儒德　赵成国
徐永成　魏建功

总策划

李华军　中国海洋大学副校长

执行策划

杨立敏　李建筑　李夕聪　王积庆

魅力中国海
我们的海洋梦

Charming China Seas
Our Ocean Dream

魅力中国海 我们的海洋梦

中国是一个海陆兼备的国家。

从天空俯瞰辽阔的陆疆和壮美的海域，展现在我们面前的中华国土犹如一个硕大无比的阶梯：这个巨大的"天阶"背靠亚洲大陆，面向太平洋；它从大海中浮出，由东向西，步步升高，直达云霄；高耸的蒙古高原和青藏高原如同张开的两只巨大臂膀，拥抱着华夏的北国、中原和江南；整个陆地国土面积约为960万平方千米。在大陆"天阶"的东部边缘，是我国主张管辖的300多万平方千米的辽阔海域；自北向南依次镶嵌着渤海、黄海、东海和南海四颗明珠；18000多千米的海岸线弯曲绵延，更有众多岛屿星罗棋布，点缀着这片蔚蓝的海域，这便是涌动着无限魅力、令人魂牵梦萦的中国海！

中国的海洋环境优美宜人。绵延的海岸线宛如一条蓝色丝带，由北向南依次跨越了温带、亚热带和热带。当北方的渤海还是银装素裹，万里雪飘，热带的南海却依然椰风海韵，春色无边。

中国的海洋资源丰富多样。各种海鲜丰富了人们的餐桌，石油、天然气等矿产为我们的生活提供了能源，更有那海洋空间等着我们走近与开发。

中国的海洋文明源远流长。从浪花里洋溢出的第一首吟唱海洋的诗歌，到先人面对海洋时的第一声追问；从扬帆远航上下求索的第一艘船只，到郑和下西洋海上丝绸之路的繁荣与辉煌，再到现代海洋科技诸多的伟大发明，自古至今，中华民族与海相伴，与海相依，创造了灿烂的海洋文化和文明，为中国海增添了无穷的魅力。无论过去、现在和未来，这片海域始终是中华民族赖以生存和可持续发展的蓝色家园。

认识这片海，利用这片海，呵护这片海，这就是"魅力中国海系列丛书"的编写目的。

"魅力中国海系列丛书"分为"魅力渤海"、"魅力黄海"、"魅力东海"和"魅力南海"四大系列。每个系列包括"印象"、"宝藏"、"故事"三册，丛书共12册。其中，"印象"直观地描写中国四海，从地理风光到海洋景象再到人文景观，图文并茂的内容让你感受充满张力的中国海的美丽印象；"宝藏"挖掘出中国海的丰富资源，让你真正了解蓝色国土的价值所在；"故事"则深入海洋文化领域，以海之名，带你品味海洋历史人文的缤纷篇章。

"魅力中国海系列丛书"是一套书写中国海的"立体"图书，她注入了科学精神，更承载着人文情怀；她描绘了海洋美景的点点滴滴，更梳理着我国海洋事业的发展脉络；她饱含着作者与出版工作者的真诚与执著，更蕴涵着亿万中国人的蓝色梦想。浏览本丛书，读者朋友一定会有些许感动，更会有意想不到的收获！

愿"魅力中国海系列丛书"能在读者朋友心中激起阵阵涟漪，能使我们对祖国的蓝色国土有更深刻的认识、更炽热的爱！请相信，在你我的努力下，我们的蓝色梦想，民族振兴的中国梦，一定会早日成真！

限于篇幅和水平，书中难免存有缺憾，敬请读者朋友批评指正。

盖广生
2014年元月

Preface 前言

Stories of East China Sea

  在东海,每一粒细沙都有一个故事,每一只海鸟都讲述着一个传说,每一朵浪花都唱响着一曲歌谣,每一缕海风都吹拂着一份情思,它们如同色彩斑斓的石子,总在人们意想不到的地方,折射出最灿烂的光束。

  走进东海故事,走近东海畔成长起来的文人墨客,儿女英雄,追寻他们成长的足迹;走进东海故事,走进艺术的长廊,去领略海之韵,海之情;走进东海故事,走进写满大海的文字和诗篇、图画和音乐,倾听作者笔端的海之思、海之诉;走进东海故事,走近东海渔民的日常起居,走近海边姑娘的衣食住行,一睹奇妙纷呈的大千世界;走进东海故事,走进一盘盘山珍海味,一道道美味佳肴并去追寻它们背后的故事;走进东海故事,走进曾经的硝烟战火,走进曾经的海上战场,让我们反思并且期望……

  历史和记忆的阀门在这里被推开,被时间珍藏的往事在这里被一一取出来晾晒。惊涛拍岸,大浪淘沙,这些故事涤荡着我们的心灵;烟波浩渺,海纳百川,这些故事陶冶着我们的情怀。

翻开带有墨香的书页,让目光在一行行文字和一帧帧图画之间穿梭,让梦想扯起它预备远航的风帆,让我们在专属于东海的故事里沉醉,开始神秘而瑰丽的东海故事之旅……

Contents 目录

Stories of East China Sea

01 东海故事

东海那些人儿/001

"东方伽利略"——徐继畲 …………………………… 002
侠之大者——金庸 …………………………………… 005
芳草碧连天——李叔同 ……………………………… 008
原来你也在这里——张爱玲 ………………………… 012
民族之魂千古嘉——陈嘉庚 ………………………… 016
踏浪江海为波平——林遵 …………………………… 020

➜ **东海名士风情画** ………………………………… 022

02

东海那些事儿/023

海风习习,衣袂飘飞 ………………………………… 024
以海为厨,美食飘香 ………………………………… 030
家住东海边 …………………………………………… 036
东海狂欢 ……………………………………………… 041
蓝色图腾——东海信仰 ……………………………… 044

➜ **值得珍藏的东海风俗画** ………………………… 050

03

东海那些诗情画意/051

东海拾贝——世代相传的美丽传说 …………… 052
凝固的艺术——东海图画和雕塑 …………… 061
海唱风吟——东海海洋文化 …………… 066
海客乘天风——李白《估客乐》 …………… 069
千娇万态百媚生——东海戏剧和舞蹈 …………… 072
➡ 雅俗共赏的东海文化歌谣 …………… 080

04

东海那些辉煌灿烂/081

古汉语的活化石——客家语 …………… 082
海客乘天风 …………… 084
海上丝路 …………… 088
东海茶香佑天下 …………… 092
曙光耀东海——洋务运动 …………… 097
浦东新区 …………… 100
➡ 东海海洋文明的一角风帆 …………… 104

05

东海那些抹不去的记忆/105

千岛海韵 ……………………………………… 106

但愿海波平——戚继光抗倭 ……………… 110

龙船破浪行——郑成功收复台湾 ………… 114

海洋开放政策——"隆庆开关" …………… 120

基隆保卫战 …………………………………… 122

一寸山河一寸血——淞沪会战 …………… 126

江阴阻塞战 …………………………………… 129

➡ 不能忘却的东海民族丰碑 ……………… 132

东海故事——碧波万顷中的雄浑号角/133

东海那些人儿 01

EAST CHINA SEA FIGURES

浪花淘尽英雄。自古以来，东海烟云里就有无数英雄辈出，尽显名士风流。回首处，无论是人间四月天般的一代才女林徽因，还是一腔热血赤子之心的陈嘉庚；无论是写尽人间千般情的张爱玲，还是道破世间万种义的金庸；无论是披荆斩棘不辞辛苦的童第周，还是俯首甘为孺子牛的鲁迅，都给这片蔚蓝留下了令人赞叹的神韵……纵然时空变幻、岁月峥嵘，他们依旧如同一组雕像，永远矗立在东海之畔，仿佛东海明月一般，华枝春满，天心月圆。

"东方伽利略"——徐继畬

蓝色的海洋是人类最初的故乡,蓝色的海洋是人类精神无尽的滋养。千百年来,这涌动的海域引来多少目光的深情注视:诗人为它的浩瀚歌唱,歌者为它的深邃引吭,航行者追随着它的辽阔,科学家探索着它无尽的宝藏……这千种的眼神、万种的目光里,有一种注视属于徐继畬,几百年前他便用革新的目光关注着东海这一片蔚蓝……

历史不会忘记

美国时任总统克林顿先生1998年在北京大学的一次演讲中,提到了一个当时很多普通中国人并不熟悉的名字——徐继畬。

克林顿之所以提及这个晚清时期的中国人,是因为美国首都华盛顿市区的重要建筑——华盛顿纪念碑的第20级西墙上镶嵌着一块长4.5英尺(1英尺=0.3084米)、宽3.5英尺的花岗岩石碑。在这块用标准的中文楷体书写的石碑上,刻有出自徐继畬的著作《瀛环志略》的一段话——"华盛顿,异人也。起事勇于胜广,割据雄于曹刘,既已提三尺剑,开疆万里,乃不僭位号,不传子孙,而创为推举之法,几于天下为公,骎骎乎三代之遗意。其治国崇让善俗,不尚武功,亦迥与诸国异。余尝见其画像,气貌雄毅绝伦,呜呼,可不谓人杰矣哉!米利坚,合众国以为国,幅员万里,不设王侯之号,不循世及之规,公器付之公论,创古今未有之局,一何奇也!"

克林顿的演讲让徐继畬这位近代历史的先驱者,再一次走进大众的视野,为人们所了解和认知。

← 刻有《瀛环志略》内容的华盛顿纪念碑

《瀛环志略》中的海洋思想

《瀛环志略》一书,可以说是徐继畬一生智慧和心血的结晶。尽管徐继畬为了能让《瀛环志略》刻印,在引言中也写下了"坤舆大地,以中国为主"这样的文字,但书中更多的内容还是把读者的眼界引向了中国以外的精彩世界,并且阐释了他超脱于常人、超越于时代的先进的海洋意识。

1842年,徐继畬被道光皇帝召见,道光皇帝询问海外形势与各国风土人情,他一一作了回答,道光皇帝遂责成他纂书进呈。徐继畬广泛搜集资料,实地采访考察,于1844年完稿,初名为"舆地考略",经过进一步增补,定名为"瀛环志略"。

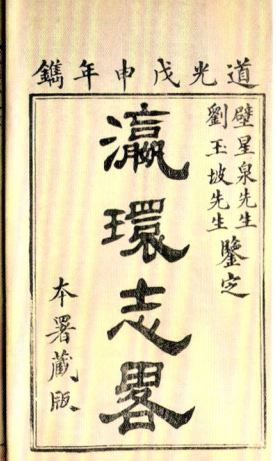

↑ 《瀛环志略》书影

《瀛环志略》所称的"瀛环"二字,不是传统的寰宇天下,而是陆地被海洋所环绕,是作者对地球上海水与陆地关系的创新性描述。"瀛"就是海,列国环海而在。由于当时各国来往多行于海上,"瀛环"之内,各国自有主权,因而又含有"海权"的意味。

徐继畬的海防思想也在这部著作里得到了充分的展示。其海上防御策略的主要思想是"有备无患,唯在先事预防","防之于后,不若制之于先","不可恃其平日安静,致有猝不及防之患",并主张修建各地炮台,加强险要之地的海防力量,随时准备迎击入侵之敌。同时,徐继畬还重视保护国家的海岛资源,这一点在那个时代是十分进步和难能可贵的。1850年,英军企图挖掘台湾基隆附近的煤矿并向清朝政府提出要求。徐继畬"备文照

徐继畬(1795—1873),字松龛,又字健男,别号牧田,山西代州五台县人。晚清名臣、学者。道光六年进士,历任广西、福建巡抚,闽浙总督,总理衙门大臣,首任总管同文馆事务大臣。徐继畬是中国近代开眼看世界的伟大先驱之一,又是近代著名的地理学家,在文学、历史学、书法等方面也有一定的成就。著有《瀛环志略》、《古诗源评注》、《退密斋时文》、《退密斋时文补编》等。

复,正言拒止",并秘密向台湾淡水同知曹士桂发文,要求"纠合各地士,公同查禁,并刊立禁碑,严密防范"。这个160多年前的禁碑如今依旧存于台北市,成为徐继畬保护国家海岛资源的有力证据,也时刻告诫着后人,要在开发利用海洋资源的同时注重保护这片美丽的海洋。

《瀛环志略》问世后,立即受到国内外有识之士的高度重视。曾任福建巡抚的刘鸿翔赞誉此书是"百世言地球之指南"。《瀛环志略》对中国当时的思想界以及后来的资产阶级维新派产生了重大影响。后来的维新运动领袖人物康有为读了《瀛环志略》后,才"知万国之故,地球之理",并把此书列为他讲授西学的重要教材之一。另一位维新人物梁启超在读了《瀛环志略》后,"始知五大洲各国",并认为中国研究外国地理是从《瀛环志略》这一本书开始的。

一本书记录了蔚蓝的海洋地理,一本书集结了作者的海洋思想,一本书开拓了走向世界的道路,一本书打开了开眼环球的视角……历史的长河带走了许多传说,历史的烟云吹散了许多故事,然而徐继畬和他的《瀛环志略》仿佛海面的一盏灯塔,给后人认知这个世界、这片海洋指明了道路……

"东方伽利略"

1868年3月29日的《纽约时报》把徐继畬称誉为"东方伽利略"。伽利略在做了"两个铁球同时落地"的著名实验后,推翻了持续近2000年的亚里士多德"物体下落速度和重量成比例"的传统学说。从那以后,在近代欧洲,人们争相传颂着这样一句话:"哥伦布发现了新大陆,伽利略发现了新宇宙。"

东方没有比萨斜塔,徐继畬也没有做过铁球的实验,然而他凭借着《瀛环志略》一书,带领着那个时期闭塞的中国人走上了探索和认识外部世界的道路,带领着中国人去领略外面世界的精彩。从这一点来说,他就是"东方伽利略"。一颗赤子之心,满腔报国热情,流于胸怀,付诸笔端,最终化为一部不朽而珍贵的历史著作。徐继畬,他的名字,连同那一本叫"瀛环志略"的著作,一同被东海的历史所珍藏和铭记……

↑ 徐继畬雕像

侠之大者——金庸

云海,是不闻潮音的浪涛。石林,是不见绿色的迷城。而江湖,是一畦不能掬水的梦境。从北国大漠到江南水乡,从华山绝顶到内蒙古草原,从中原市井繁华之地到边疆荒无人烟所在,有人之处就有江湖,有江湖之处就有金庸……

金庸笔下的江湖是什么?是刀光剑影,是国恨家仇,是儿女情长,是天下苍生。

侠之大者,为国为民。这位东海之畔的侠之大者,用海一样的壮阔胸襟、海一样的博大情怀,给全球华人创造了一个刀光剑影、儿女柔情的江湖梦。

"沧海笑,滔滔两岸潮,浮沉随浪记今朝。苍天笑,纷纷世上潮,谁负谁胜出天知晓。江山笑,烟雨遥,涛浪淘尽,红尘俗世知多少。清风笑,竟惹寂寥,豪情还剩一襟晚照……"让我们一起走近金庸,走近这位东海赤子。

↑ 金庸像

东海畔演绎传奇人生

1924年,原名查良镛的金庸出生于浙江。查家几百年来名人辈出,领尽风骚,清朝皇帝康熙称之为"唐宋以来巨族,江南有数人家",金庸的诞生更是给这个家族增添了荣耀。作为华人知名的武侠作家、企业家、政治评论家和社会活动家,金庸倾毕生之力,圆了每个中国人心中的武侠梦。

金庸的一生犹如东海翻滚出的巨浪,是传奇的一生。从20世纪50年代末到70年代末,他写了15部武侠小说。除此之外,他还创办《明报》,任主编兼社长35年,使《明报》成为香港最具影响力的报纸之一,被称为香港的《泰晤士报》;同时他还创办了《明报月刊》、《明报周刊》这些华人世界里最文人化的读物。金庸对大中华的情怀,在华人世界获得了前所未有的影响力。

一支笔写武侠，一支笔关怀苍生，享誉香江；少年游侠，中年游艺，老年游仙；为文可以风行一世，为商可以富比陶朱，为政可以参国论要。"侠之大者，为国为民"这八个字不仅是对金庸创造出的华丽武侠世界中大侠的概括，更是对金庸传奇一生的最高评价。

本本作品营造华丽江湖

"飞雪连天射白鹿，笑书神侠倚碧鸳。"这句大家耳熟能详的诗文正是金庸一生武侠小说成就的高度概括。每一部小说，都是一次人生，给予我们的是挚爱，是奋斗，是勇气。每一部小说，都留给了我们一段佳话、一个英雄。杨过、张无忌、乔峰、令狐冲、郭靖……是金庸使这些人不再是一个个冷冰冰的名字符号，而是有血有肉的豪情英雄。黄蓉、王语嫣、小龙女……这些好似生活在梦境之中的完美女子，在金庸的笔下，有了爱恨情仇，有了七情六欲，有了人间烟火的味道。

> **金庸作品**
>
> 《飞狐外传》、《雪山飞狐》、《连城诀》、《天龙八部》、《射雕英雄传》、《白马啸西风》、《鹿鼎记》、《笑傲江湖》、《书剑恩仇录》、《神雕侠侣》、《侠客行》、《倚天屠龙记》、《碧血剑》、《鸳鸯刀》等。

桃花岛

东海深处的桃花岛，风花雪月的南诏国，前世今生的塞外江南，多少名不见经传的大好河山因为金庸的一支笔，被世人传诵和奔赴。程灵素对胡斐不言不语的温柔，阿朱和乔峰塞上牛羊空许约的落寞，郭襄峨眉山顶一个人的绝望，杨过和小龙女16年不得见的悲情，这人间千万种的爱，都因为金庸的一支笔生动起来。

江湖，是否真的存在过，是否还存在着？这是一个谜，而这个谜不知迷倒了多少华夏儿女，不知造就了多少红尘往事，不知书写了多少恩怨情仇，更不知陶醉了多少文人墨客……

金庸笔下的无尽英雄已湮没在滚滚的历史洪流中，可那股震天撼地的侠义还在。江湖沧桑，世事沉浮，剔尽寒灯梦不成，依旧怀梦，矢志长存。东海明月在，曾照英雄执剑归……

↑ 塞北风光

↑ 卧龙谷

芳草碧连天——李叔同

"长亭外,古道边,芳草碧连天。晚风拂柳笛声残,夕阳山外山。天之涯,地之角,知交半零落……一壶浊酒尽余欢,今宵别梦寒。"百余年来,恒河沙数般的音乐匆匆涌现又匆匆失去音信,但这首《送别》却如一杯醇香的酒,一朵清雅的花,一颗明亮的星,其舒缓优美的旋律时时在人们耳边回荡,苍凉悠远的意境时时在脑海浮现。一曲吟唱离别之情,不负时光的君子之道,时隔百年仍余音绕梁,淡中出真味。

《送别》的作者李叔同(1880—1942),祖籍浙江平湖,中年在杭州虎跑寺剃度为僧,此后云游温州、普陀、厦门、泉州、漳州一带讲律,与东海结下不解之缘。

翩翩浊世佳公子

出身富贵之家,年轻时便才华盖众,风流倜傥,"二十文章惊海内",集诗词、书画、篆刻、音乐、戏剧、文学于一身,在多个领域开中国灿烂文化艺术之先河;他东渡日本,是我国第一个赴日专修西洋艺术的留学生,回国后致力于美术史、绘画史、音乐史研究,他不是别人,正是"翩翩浊世佳公子"——李叔同。

幼年时,父亲为津门富豪,生活优越。他的母亲和兄长注重教育,邀请天津名士赵幼梅教他诗词,唐静岩先生教他书法,加之他天资聪颖好学,小小年纪便积累了令人望尘莫及的国学修养。有道是"《文选》烂,秀才半",李叔同7岁便熟读《文选》,被称为"神童"。而后由于家庭变故,14岁时迁往上海。在这个西洋文明和东方文化强烈碰撞的城市,李叔同尽情地享受着文化的熏陶,挥洒着自己的才能。他在上海入南洋公学,师从蔡元培,在这里他一面接受系统的儒家经典教育,一面潜心吸纳"新学"精华。

↑ 李叔同像

母亲的去世对李叔同的影响很大。是年,写作《金缕曲·东渡留别祖国》叙志:"披发佯狂走。莽中原,暮鸦啼彻,几枝衰柳。破碎河山谁收拾,零落西风依旧,便惹得离人消瘦。行矣临流重太息,说相思,刻骨双红豆。愁黯黯,浓于酒。漾情不断淞波溜。恨年来,絮飘萍泊,遮难回首。二十文章惊海内,毕竟空谈何有!听匣底苍龙狂吼。长夜凄风眠不得,度群生那惜心肝剖。是祖国,忍孤负?"一片豪情,尽览无遗……

无尽奇珍供世眼

李叔同多才多艺,擅书法,工诗词,通丹青,达音律,精金石,善演艺,其成就在中国史上留下了浓墨重彩的一笔。李叔同是作词、作曲的大家,也是国内最早从事乐歌创作的人。他主编了中国第一本音乐期刊《音乐小杂志》。在国内,他第一个用五线谱作曲,最早推广西方"音乐之王"钢琴,在浙江一师讲解和声、对位,是西方乐理传入中国的第一人,还是"学堂乐歌"的最早推动者之一。东海一带的音乐教学,至今受着李叔同的影响。他的歌曲大多曲调优美、朗朗上口,在全国各地被广泛传唱。

同时,李叔同还是中国现代版画艺术最早的创作者和倡导者,是中国最早介绍西洋画知识的人,也是第一个聘用裸体模特教学的人。他广泛引进西方的美术派别和艺术思潮,使中国美术家第一次全面系统地了解了世界美术大观。更为可贵的是,李叔同不仅大胆引入西方美术,而且十分重视中国传统绘画理论和技法,尤其善于将西洋画法与中国传统美术融为一体,使东海的浪花第一次接触到来自西方的新鲜海风,因此变得更有生命力,为后人称道。

年轻时的李叔同便以诗词名扬四方。客居上海时,他将以往所作诗词收录为《诗钟汇编初集》,在"城南文社"社友中传阅,后又结集《李庐诗钟》。这些作品,通过艺术的手法

➲ 李叔同雕像

↑ 李叔同纪念馆

↑ 李叔同坐像

↑ 李叔同故居

表达了人们在不同境遇中大都会产生的思想情绪，曾经风靡一时，有的成为经久不衰的传世之作。与此同时，李叔同还是中国话剧运动的先驱、中国话剧的奠基人、中国第一个话剧团体"春柳社"的主要成员。这个团体先后演出了《茶花女遗事》、《黑奴吁天录》等，李叔同均任主角，一时声誉鹊起。李叔同的戏剧活动虽如星光一闪，却照亮了中国话剧发展的道路，开启了中国话剧的帷幕；特别是在话剧的布景设计、化妆、服装、道具、灯光等许多艺术方面，更是起到了开风气之先的启蒙作用。

除此之外，李叔同在篆刻、佛学、对联等方面，均有较高造诣，为世人提供了丰富的精神食粮。

然而，这位渐臻于完美之境的艺术家，却于五四运动的前夕，在杭州定慧寺出家，一夜之间，遁入佛门。

半世潇洒半世僧

1918年8月19日，时年39岁的李叔同在杭州虎跑寺出家当了和尚，从此进入了他人生的第三阶段，就是丰子恺先生所说的"爬上三层楼"的阶段。他一出家即告别尘世的一切繁文缛节，并发誓："非佛经不书，非佛事不做，非佛语不说。"受戒后他持律极严，谢绝一切名闻利养，以戒为

↑ 李叔同书法作品

师,粗茶淡饭,过午不食,过起了孤云野鹤般的云水生涯。或如好友夏丏尊所说,从"翩翩浊世佳公子",一变而为"戒律精严之头陀",成为一代高僧弘一法师。他为振兴律学,不畏艰难,深入研修,潜心戒律,著书说法,实践躬行普度众生出苦海的宏愿。

所以,对于李叔同的出家,正如丰子恺在《我的老师李叔同》一文中所说:"李先生的放弃教育与艺术而修佛法,好比出于幽谷,迁于乔木,不是可惜的,正是可庆的。"

一轮圆月耀天心

在1942年的秋天,李叔同静静地在东海之畔的福建泉州与世长辞,但他留给后人不朽的精神财富正如那夜东海上空的圆月一样,一月当空,千潭齐印。他就是一丛菊,一片霞,一部读不尽品不完的哲学大书,在时间的冲刷下更显得坚实洁白。

"深悲早现茶花女,胜愿终成苦行僧。无尽奇珍供世眼,一轮圆月耀天心。"他是弘一大师,他是李叔同。

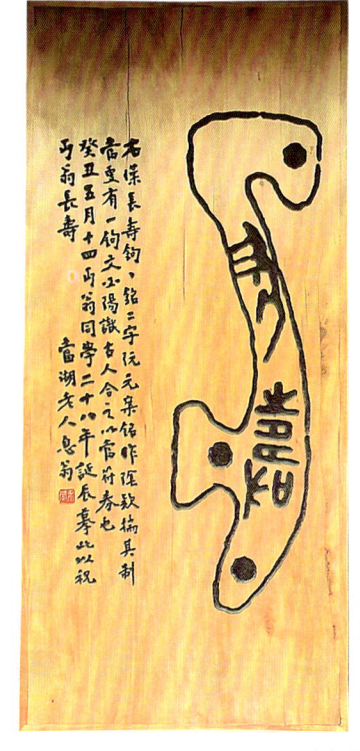

↑ 李叔同作品

原来你也在这里——张爱玲

于千万人之中，遇见你要遇见的人。于千万年之中，时间无涯的荒野里，没有早一步，也没有晚一步，遇上了也只能轻轻地说一句："哦，你也在这里吗？"这世间有千万种爱，而"原来你也在这里"的解释，无疑是最平淡却又最绚烂的一种。

提到张爱玲，就不能不说上海，这颗镶嵌在东海的明珠。百年来，张爱玲未必是上海的张爱玲，而上海却成了张爱玲的上海。上海在张爱玲的笔下风箫声动，玉壶光转，带着异军突起的大都市清新而奢靡的气息喷涌而出，而张爱玲则以上海浓墨重彩的流光为背景，行云流水般地勾勒出她笔下完美的人物。

因为要探寻东海名士，我们把目光投向了上海；因为把目光投向了上海，我们看到了张爱玲的不朽传奇。隔着时间空间与张爱玲四目相对，我们亦只想轻轻说一句——哦，原来你也在这里。

人去楼空有谁知

静安寺及其周围一带，从20世纪30年代至今，始终是上海主要闹市区之一。而其中，最让人感兴趣的莫过于20世纪40年代轰动上海，50年代又享誉海外的女作家张爱玲的住宅。这

是一幢七层的西式别墅，矗立在静安寺边缘的静安寺路（现名南京西路）与赫德路（现名常德路）口，坐西朝东；虽经半个世纪的风风雨雨，已经苍老斑驳，但仍保持几分鹤立鸡群的况味。

张爱玲曾在这幢公寓两度居住。1939年与母亲和姑姑在该楼501户住过一段时间，不久远赴香港大学深造。1942年因太平洋战争爆发，辍学返沪，与姑姑一起搬入该楼，直至去国迁居为止。

这短短五六年在张爱玲的创作上至关重要。只要一想想她的代表作，小说集《传奇》和散文集《流言》先后在这一时期问世，便不得不对这老上海的旧居刮目相看。

上海南京西路上的国际饭店在20世纪三四十年代有着"远东第一高楼"的美誉，至今仍雄姿犹存，但却鲜有人注意国际饭店背后的那座仅六层高的长江公寓，更无人知晓这貌不惊人的扇形公寓就是张爱玲在大陆的最后居住地。1952年7月，张爱玲就是从这里离开上海去香港大学继续学业，开始了她漫长而又奇特的创作生涯。在张爱玲的生活和创作上，长江公寓同样扮演了重要角色。正是在这里，张爱玲写完了她早期唯一一部长篇小说《十八春》（又名《半生缘》）。前几年引起国内外读书界普遍关注的张爱玲在大陆的最后一部中篇《小艾》也是在这里完成的。张爱玲后来移居美国洛杉矶，甚至可以说，这所公寓是远在大洋彼岸、几乎与世隔绝的张爱玲神牵梦绕之所在。

张爱玲一生移居过不少城市，但上海与她却有着不解之缘，而她在上海的这些住处，是她情感和创作的寄托。翻阅张爱玲的作品我们不难发现，大部分作品是就地取材，直接从现实转化成了文学。她的整个写作生涯，就是努力运用她所在的房子和街道里发生的故事，建构出了一个个关于小人物的传奇世界。

↑ 张爱玲像

"三十年前的月亮早已沉下去"，几十年前的老故事也已经讲了一遍又一遍，然后这些矗立在上海的老建筑，依旧在无声无息地向人们传递着引以为豪的历史，讲述着张爱玲与上海的难解情缘。

十里洋场张爱玲

在张爱玲大量的散文里，她总是以上海"小市民"自诩，言辞中也表露出对上海的热爱。她曾对自己的读者公开宣称，即使有些故事的背景是香港，她写的时候，也无时无刻不

想到上海人,因为她是为他们写作的。"我喜欢上海人,我希望上海人喜欢我的书。"她深爱这个城市的景象和声音、气息和风味,她在许多散文里都对此有着细致入微的描述。比如,在《公寓生活记趣》里,她就说她喜欢听"市声"——电车声,没有它的陪伴,她是睡不着觉的。此外,她还写了《金锁记》,写了《倾城之恋》,这些只有在旧上海才有可能发生的传奇故事。

　　张爱玲笔下发生在老上海的故事,有着老上海入世尽俗的亲切感,有着雅俗共赏的可读性,有着平淡近自然的风格,还有着营造视觉意象的卓越技巧和纯熟的白描手法。她对上海人、上海风情、上海文化的敏锐感悟,给人留下了极其深刻的印象。

张爱玲作品语录

因为爱过,所以慈悲。因为懂得,所以宽容。——《倾城之恋》

如果你认识从前的我,你就会原谅现在的我。——《倾城之恋》

也许每一个男子全都有过这样的两个女人,至少两个。娶了红玫瑰,久而久之,红的变成了墙上的一抹蚊子血,白的还是"床前明月光";娶了白玫瑰,白的便是衣服上的一粒饭粘子,红的却是心口上的一颗朱砂痣。——《红玫瑰与白玫瑰》

上海滋养了不少作家。同张爱玲一样,他们的作品不适合一个人在饥寒交迫、心事煎逼的环境里阅读,那会使人对奢华产生反感。张爱玲的文章如古董一般,需要沏上一壶好茶之后细细把玩。她文章中那种优雅而内敛、老派而不落伍、新潮却不张扬大都市,才是十里洋场的上海,才是独特的张爱玲的上海。

张爱玲,这个漂泊一生的女人,很难用一个时代的标签去限定她。而如今,一切都已渐渐消散,那个远赴重洋最后客死异乡的女子,在上海留下了她浩渺的南柯一梦,梦里有老公馆里飞尽的尘埃,有小弄堂里浅淡的呜咽。她的文章是缎红的颜色,或许,那便是上海的颜色……

⬇ 上海大世界

民族之魂千古嘉——陈嘉庚

滚滚东海水，悠悠东海岸。有这么一位老人，在积贫积弱的旧中国，为了祖国的教育事业，他倾尽一生所得；在风雨飘摇的动乱年代，他投身实业报国，不顾个人安危，挽救民族于存亡之际。华侨旗帜，民族光辉，这是一代领袖对他的最高称赞；丹诚赤子肤功建，民族之魂千古嘉，这是历史给予他的最高评价。

以诚为本的东海少年郎

东海畔，自古以来英雄如明星一样闪烁不息，闽南一带更是英雄辈出地。从收复台湾的郑成功到虎门销烟的林则徐，这些正义凛然的民族英雄在少年陈嘉庚的心里留下了不可磨灭的印记，使他从小便立志报国，为国争光。

陈嘉庚像

陈嘉庚，出生在福建同安县集美村的一个华侨世家。陈嘉庚出生时他的父亲远在新加坡做生意，经营着米店和一家小厂。17岁时，陈嘉庚就不堪忍受当局的黑暗腐朽统治，远赴南洋，跟随父亲学习经商知识。与相对闭塞落后的集美相比，新加坡是一个热闹富饶的现代化都市，自然也充满了种种诱惑。但陈嘉庚却不为所动，终日和伙计们待在父亲的店铺里，专心学习经商知识，为以后成为商界大才打下了坚实的基础。

但在陈嘉庚的远大抱负尚未来得及实现的时候，家乡传来的母亲病逝的噩耗。陈嘉庚怀着悲痛的心情暂别新加坡，回去为母亲办理丧事，这一走就是三年。三年后返回的时候，时世变迁斗转星移，父亲原本还算繁茂的生意已经不再，反而欠下了巨额外债，父亲也因破产抑郁而终。按照新加坡的法律，父债并不需要子来还，父亲的债务并不需要陈嘉庚背在身上。但东海之子陈嘉庚自小就深受讲究诚信的中国传统文化的熏陶，把"诚信"作为为人处世之本、立身之道。当时经济十分拮据的陈嘉庚公开宣布："立志不计久暂，力能做到者，决代还清以免遗憾也。"在这种艰难困苦的环境下，陈嘉庚奋发图强，勤奋艰苦，四年之后终于使得境况有些好转。他不顾亲友的反对，花费了大量的时间和精力去寻找父亲往日的债主，将父亲当年所欠下的债务连本带利悉数归还，为中国人在东南亚商圈赢得了极高的声誉，也使得中国人"一诺千金"的思想广为人知。

开拓创新的东海实业家

陈嘉庚还有一个身份，那就是"橡胶大王"，这与他白手起家一手创立的橡胶公司是密不可分的。

橡胶第一次从巴西移植到马来西亚，独具慧眼的陈嘉庚立即察觉到了其中的商机。他当即用2000元购买种子，播种在菠萝园中，进而大面积种植。到1925年，他已拥有橡胶园1.5万英亩，成为华侨中最大橡胶垦殖者之一。从生产、出口胶片到创办橡胶熟品制造厂，并建立产品推销网络，他的橡胶企业成为融农、工、商为一体的大企业。这种经营模式，在东南亚地区是首创。正是这种开拓创新的精神为陈嘉庚赢得了商业上的成功，使他白手起家创造了一番天地，奠定了东南亚橡胶王国的发展基础，为侨居地的发展繁荣作出了巨大贡献。

情系乡国的东海教育家

陈嘉庚曾说："民智不开，民心不齐。启迪民智，有助于革命，有助于救国，其理甚明。教育是千秋万代的事业，是提高国民文化水平的根本措施，不管什么时候都需要。"在那个时代，能有陈嘉庚这样的心胸和见识已十分不易。陈嘉庚倾尽资产，情牵教育。他办学时间之长、规模之大、毅力之坚，为中国乃至世界所罕见。

↑ 陈嘉庚故居

陈嘉庚的教育主张

第一，提倡女子教育，反对重男轻女；

第二，强调优待贫寒子弟，奖励师范生；

第三，讲究教学质量，注重全面发展；

第四，主张"没有好教师，就没有好学校"；

第五，为了振兴实业，培养生产技术人才。

↑ 陈嘉庚与集美大学学生在一起

1913年，陈嘉庚在家乡集美创办小学，以后陆续办起师范、中学、水产、航海、商业、农林等校共10所，另设幼稚园、医院、图书馆、科学馆、教育推广部，统称"集美学校"；此外，资助福建省各地中小学70余所，并提供办学方面的指导。1921年，陈嘉庚创办了厦门大学，设有文、理、法、商、教育五院17个系，这是唯一一所华侨创办的大学，也是全国唯一独资创办的大学，于1921年4月6日开学，陈嘉庚独力维持了16年。后

↑ 陈嘉庚视察厦门大学

来世界经济不景气严重打击了华侨企业，陈嘉庚面对艰难境遇，态度仍很坚定地说："宁可变卖大厦，也要支持厦大。"他把自己三座大厦卖了，作为维持厦门大学的经费……

陈嘉庚的教育思想，在今天看来也是极其全面和难能可贵的。他一生投身于教育事业，多少学子在他的帮助下走进了学堂，又有多少学子受惠于他投资兴办的学校，这一切都是无法估量的。这位伟大的教育家甚至在生命弥留之际，还在叮嘱"把集美学校办下去"，并且把自己的遗产捐献给了国家的教育事业，可谓"春蚕到死丝方尽，蜡炬成灰泪始干"。

纾难救国的东海革命者

早在1910年，陈嘉庚就参加了孙中山先生领导的中国同盟会，募款支持同盟会的各项活动。抗日战争爆发之后，远在南洋的陈嘉庚发起成立"马来亚新加坡华侨筹赈祖国伤兵难民大会委员会"，任主席。他自己带头捐款，还组织各类活动。仅1939年一年，南洋华侨就向

祖国汇款3.6亿元,极大地支援了中国国内的抗日力量。"为民族解放尽了最大努力,为团结抗战受尽无限苦辛,诽言不能伤,威武不能屈,庆安全健在,再为民请命。"这句传诵于海内外的祝词是由周恩来及王若飞所写,表现了祖国对于这个东海赤子的感激与称赞。

1949年,永远让历史和人民铭记的中华人民共和国开国大典上,出现了陈嘉庚的身影。此后的他,不顾自己已是耄耋之年,依旧舟车劳顿辗转于祖国各地,为祖国的发展和建设献出最后的光和热……

↑ 陈嘉庚墓

↓ 陈嘉庚纪念胜地

踏浪江海为波平——林遵

"鸥爱云天月爱楼,水兵卫国写春秋。忠贞独恋军魂曲,风雨同航骇浪舟。放眼乾坤行大道,投身沧海立中流。半生血汗凝诗卷,掷入汪洋啸不休。"蔚蓝的海域如同一道屏障,紧紧将祖国拥入怀中。而那些海洋上的身影,是在用自己的身躯,守卫着这片蔚蓝的国土。提到中国海军,则不能不提一个名字——林遵。

↑ 林遵像

林遵,是一位与近代以来民族英雄的杰出代表林则徐联系起来的名字;林遵,是一位与近代以来中国海军曲折发展历程联系起来的名字;林遵,是一位与近代以来中国人民第一次取得完全胜利的反侵略战争——抗日战争,特别是海军抗战联系起来的名字;林遵,更是一位直接与中国人民海军的光荣建立相联系的名字……

海战英雄

"七七"事变后,德、日加紧勾结,出身于海军世家并在英国海军学院学习过的林遵愤然回国参加抗日战争。1940年,国民党海军实行分段封锁布雷,林遵任第五游击布雷少校大队长,在长江中游的贵池县活动。在抗日战争中,林遵和他的布雷大队屡屡给日军沉重打击,日军甚至贴出布告,宣称捉到姓林的队长将给以重赏……

参加过抗日战争的林遵满怀一腔报国热血。1948年,解放战争的炮声隆隆,担任国民党海防第二舰队司令的林遵,奉命坚守长江防线。这时,国民党下达了"于必要时炮击江岸"的命令,林遵对国民党这种不断将内战升级的罪恶行径极度愤懑,他痛心地说:"作为一名指挥官,他的良心尚存的时候,下令炮击自己的同胞,于心何忍!"内战的炮火灼烧着这位正直爱国军人的心。面对蒋家王朝内部倾轧、仓皇而逃之际,林遵作出了历史的选择。1949年4月23日午夜,林遵将率军25艘舰艇、1271名官兵,在南京笆斗山江面宣布起义。林遵率领舰队起义的壮举,成为解放战争期间国民党海军最大规模的舰艇集群起义。

这次起义,被毛泽东称为"南京江面上的壮举"。

为国为民，奋斗终生

1975年，林遵任中国人民解放军海军东海舰队副司令员。他在海军初建阶段主动承担起训练技术骨干的任务，亲自编制教学大纲和训练实施计划，因地制宜地举办短期训练班培养技术骨干。后来长期从事院校工作，重视教学质量，亲自参与制订计划、审阅教材，向学员讲辅导课，翻译外文资料，为海军培养了大批人才。而此时他已身患重病，因此他更加珍惜时间，不知疲倦地视察防区，深入各个军港码头、基地、部队，并出海参加舰艇演练。短短几个月，视察了东海舰队防区的大小单位60多个。在患病住院期间，林遵仍关心着海军的发展和建设，关心着祖国的统一大业，并为此做了不少工作。

1979年7月16日，林遵将军不幸逝世。病魔折磨他8年之久，但从他那安然离去的神态中，人们似乎读懂了这位老人永远也无法再用语言交流的心思。看得出老人是带着欣慰、满足、信任与期盼离去的。他欣慰亲眼目睹了自己为之奋斗终生的祖国海防事业的日益强大，他衷心期望中国海军新的一代将筑起更加坚固的海上长城，他也热切期盼海峡两岸骨肉同胞能够早日团圆……

1979年7月30日，遵照这位老海军生前的遗愿"我一生爱海军，爱海洋，又是东海舰队的副司令，坦骨东海，正是死得其所"，在隆重的仪式与低回的哀乐声中，老将军的骨灰撒向他一生为之奋斗的东海……

收复南沙

南沙群岛和西沙群岛先后被法国、日本侵占了几十年。日本投降后，根据《波茨坦公告》和1945年9月2日日本签署的《无条件投降书》的有关条款，由中国政府派遣海军舰队与行政长官前往接收。10月26日，舰队在上海集中，29日由吴淞口起航，经舟山群岛、珠江口直驶虎门。11月6日，由虎门驶进海南岛的榆林港，然后分两路前进，一路由林遵率领进驻南沙群岛；另一路由舰队副总指挥姚汝钰率领进驻西沙群岛。时值南中国海东北风季节，风狂浪大，第一次未能登岛，经过几天与风浪的搏斗，才在南沙群岛的一个较大岛上登陆。

林遵带队进驻南沙

前为指挥官林遵

东海名士风情画

一方水土养育一方人。数百年来，悠悠东海，走出了帝王将相，也走出了文人才子，走出了豪情万丈，也走出了千般柔情。一位位名士犹如一座座丰碑，一位位名士犹如一颗颗明星，任时光荏苒、斗转星移，他们好似东海的海面上亮起的灯塔，用自己的光芒照亮后人扬帆远航……

东海是一位伟大的书写者，更是一位伟大的见证者。站在时光的彼岸眺望那遥远的历史烟雨，多少故事在这里洗尽风流起起落落，多少容颜在这里任时光变幻定格成永恒。东海不语，笑纳悲欢离合……

鲁迅（1881—1936）

浙江绍兴人。原名周树人，伟大的文学家、思想家、革命家，是中国文化革命的主将。作品包括杂文、短篇小说、评论、散文翻译作品。对五四运动以后的中国文学产生了深远的影响。

冰心（1900—1999）

福建福州长乐人。原名谢婉莹，笔名冰心，取"一片冰心在玉壶"之意。著名诗人、作家、翻译家、儿童文学家。主要作品有《繁星》、《春水》等。

林徽因（1904—1955）

浙江杭州人，建筑学家及作家，国徽的设计者之一。文学著作包括散文、诗歌、小说、剧本等，代表作有《你是人间的四月天》、《莲灯》、《九十九度中》等。

钱学森（1911—2009）

浙江杭州人。中国共产党优秀党员，忠诚的共产主义战士，享誉海内外的杰出科学家，中国航天事业的奠基人，中国"两弹一星"功勋奖章获得者。

蔡元培（1868—1940）

浙江绍兴山阴人，原籍诸暨。革命家、教育家、政治家。1916—1927年任北京大学校长，革新北大，开"学术"与"自由"之风。

东海那些事儿 02

EAST CHINA SEA FOLK CUSTOMS

　　站在东海畔,捧一掬滚滚东流水,便会想象出渔民日出而作日落而息的生活方式;看一眼那绵延的金色沙滩,便会想象出青年男女身着特色服装载歌载舞的情景;听一段那返航的号子,便好似看到了鱼虾满舱、丰富多彩的渔家宴;看一看海边那巍峨的山脉,便能在脑海中勾勒出渔家人别具匠心的房屋;还有那矗立在普陀山上的观音像,那被后人传诵纪念的天后妈祖,她们连同东海人的衣食住行一起,成为东海人日常生活的一部分。让温馨的歌谣响起来,特色的美食端上来,华美的服饰穿起来,围绕着东海,同唱一曲别具风情的渔家欢歌……

海风习习，衣袂飘飞

海风习习，衣袂飘飞。从古至今，人们对美的追求不会停止，对美丽服饰的追求也就不会停止。东海畔，多少飘逸的彩裙，多少鲜艳的布匹，编制的不仅是美丽的衣衫，更是东海人的民俗与风情，是东海向世界展现自己独特文化的温馨窗口。东海人的勤奋，东海人的美丽，东海姑娘的心灵手巧，无不透过一件件多彩的衣衫展示出来……

惠安女的特色服饰

翻开闽南的史册，你会看到这样一群秀外慧中的俏丽女子，她们在渔歌的吟唱中，在独具特色的地方歌谣中……她们就是生活在福建泉州海边的惠安女，她们以独特的民族服饰、奇特的地方习俗吸引了人们的关注。这些年来，惠安女随着文学艺术家的摄影镜头、音乐和诗歌走上了银幕、书刊和五线谱中。惠安女的勤劳朴实、聪颖秀丽连同她们那独特的民族服饰一起为蓝色的东海增添了几缕别样的动人色彩。

"封建头，民主肚，节约衣，浪费裤。"这四句流传在当地的歌谣极其形象地描述了惠安女的服饰特点。

▼ 惠安女的传统服饰

惠安女的传统服饰

"封建头"指的是惠安女头上的头巾。头巾是惠安女服饰中最抢眼的部分，主题色彩是最为鲜艳的黄色。每条头巾都是正方形的，色彩和花纹虽然各不相同，但大多数都是蓝底白花、绿底白花、白底绿花等，每一条头巾都色彩明丽清新，好似惠安女清新动人的气质。

"民主肚"、"节约衣"是惠安女特色服饰最大的特点，即衣短露脐。惠安女所穿的短衫大多色彩艳丽，青蓝、苹果绿、绿白相间是她们短衫最常用的颜色。衣身、袖管、胸围紧束，袖长不到小臂的一半并且紧束。衣服的长度只到肚脐的位置，上衣下摆为椭圆形，肚皮外露，展现了女性柔软美好的腰肢和曲线美。

而"浪费裤"自然是对惠安女服饰中裤子的描述。她们的裤子多为黑色，与上衣相比，裤筒特别宽大，走起路来摇曳生姿。

银腰带也是惠安女服饰中独具特色的组成部分。她们穿着宽筒的黑裤时，通常用一条色彩艳丽的编织带子系在腰间，以银裤链悬挂在臀部，把腰部、臀部的曲线美用这条腰带衬托出来。直到如今，这种银裤链也是男方结婚时必送的礼物之一。

一种服饰的起源与流行自然与当地的地理环境和生活习俗密切相关。惠安女由于长期生活在气候变化多端的海边，因此需要斗笠和头巾来遮蔽风雨，当然现在的斗笠对于惠安女来说更多的是一种装饰作用。她们的短上衣更是为了劳作方便，长袖或者上衣过松，都会影响到劳作。穿着这样的宽裤，夏日劳作时被汗水浸湿，海边洗衣时被海水浸透，只要在风中来来回回走上几趟，让海风吹一吹裤脚，很快便会风干。

↑ 惠安女服饰

↑ 惠安男服饰

↑ 惠安男服饰

位于福建东海沿海的惠安,既有青山绿水的清秀,又有天风海涛的狂放。生活在这里的惠安女,摇曳着美丽的身姿,将吸纳了闽越文化、中原文化和海洋文化的惠安服饰带到世界服饰的舞台上,成为现代服饰的一朵奇葩。

宝岛的明丽服饰

生活在宝岛台湾的高山族人,一直是充满着神秘色彩的民族。他们的民族服饰同样充满着神秘色彩,保留了传统文化的精髓。

《禹贡》载"岛夷卉服,厥篚织贝",说的就是高山族的服饰。高山族服饰色彩鲜艳,华丽精美,以红、

↑ 收藏在台湾博物馆里的贝衣

黄、黑三种颜色为主色调。男子的服饰，有腰裙、套裙、挑绣羽冠、长袍等，一般配有羽冠、角冠、花冠，以花为冠可以说是高山族男子服饰的一个重要特点。有些男子还要佩戴朵环、头饰、脚饰和手镯，显得绚丽多彩。女子的服饰多为开襟，这和高山族人活泼、浪漫、自由的性格是分不开的。女子的服饰为短衣长裙，还会以鲜花制成花环，在唱歌跳舞时戴在头上。

高山族的特色服饰还受到了大海的馈赠。例如，当地流行的贝珠衣就是将贝壳雕琢后用麻绳穿起来，按规律排列之后缝制在衣服上而成的。一件贝衣大概需要五六万颗贝珠，非常珍贵，姑娘只有在结婚或者重大节日时才穿在身上。此时的高山族女子仿佛一朵朵移动的云彩，带着让人心动的美丽。

海上朱衣妈祖装

"称体衣裁一色红，满头花插颤绫绒。手提新买金鱼缸，知是来从天后宫。"文人诗歌里所描述的这种服饰，正是流传在湄洲一带的妈祖装。

妈祖装，也就是妈祖生前最爱穿的服装。上身是中式海蓝色斜襟大衣，下身是上红下黑的拼接直筒长裤。在海洋文化中，蓝色代表大海，红色象征着吉祥，也代表着火焰，以火克水，保佑渔民平安。相传裤子本身是红色的，但由于妈祖经常下海救人，被海水打湿的裤子远远看去变成黑色，久而久之就成了现在的这种样式。也有另一种传说是《天后显圣录》上记载的，妈祖每次显灵救人，总是一身红装，所以妈祖故乡的女子为了纪念妈祖也喜欢穿红衣，但为了显示神明与俗人的区别，便只取其中的一段红色，于是有了现在的样式。

"帆船头，大海衫，黑红裤子保平安。"妈祖的头饰以帆船髻为主要特

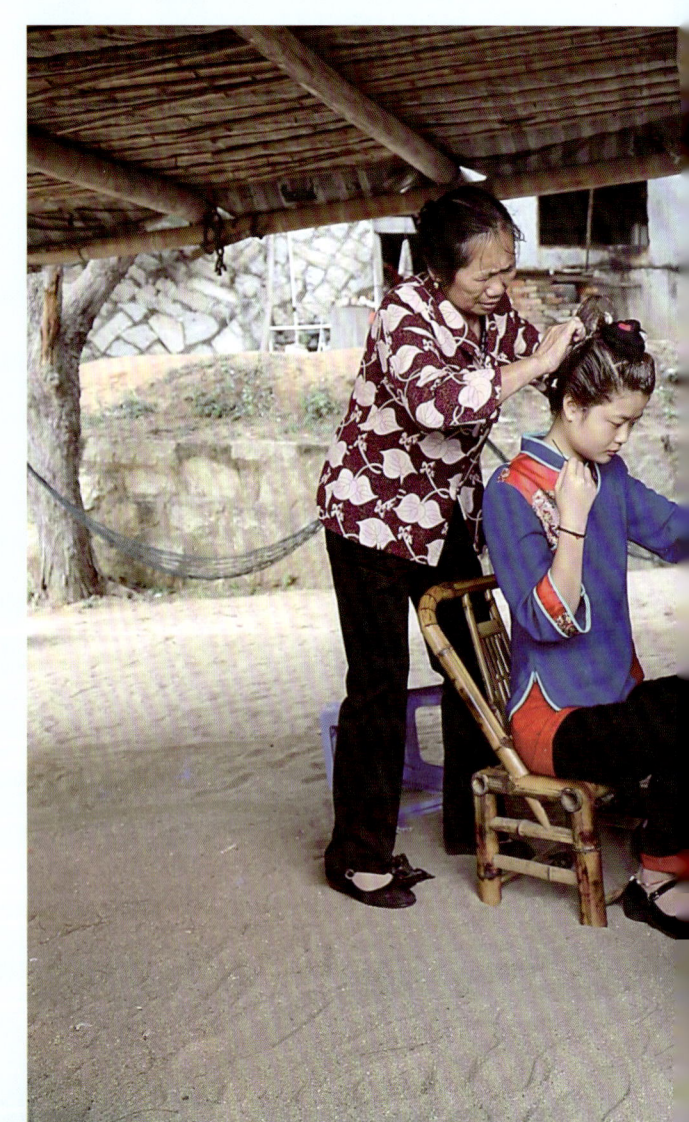

征，寓意妈祖心系大海、身许大海、情牵大海。这种发型是把头发盘起，在后脑勺梳理成帆船的形状，象征着出海时的一帆风顺。发髻的两旁各有一根波浪形的发卡，代表着船上的船桨；头顶上的一个圆圆的大髻，象征着船上的舵；穿插在发髻中间的红头绳，则象征着船上的缆绳。这个发型整体上就像一艘船，象征着海边女子对出海的丈夫的祝福和思念。千百年来，湄洲女子身穿妈祖装，梳着帆船头，在家中点亮灯火，照耀着爱人归家的路途……

▼ 湄洲女子的"帆船头"

以海为厨，美食飘香

"指动尝羹供上客，香飘御膳款嘉宾。"中国是文明古国，亦是悠久美食之境地。从古至今，中国人民对美食的喜爱与追逐从来就没有停止过，对美食的共同情感横穿东西，纵贯南北，形成了华夏民族独具特色的美食文化。而东海美食，由于得天独厚的地理优势，由于富饶的大海馈赠，更是美食飘香、佳肴争芳……

食在福建——闽菜纵览

提到闽菜，想必每个人脑海中都会浮现"山珍海味"四个字。福建省面临大海，背靠群山，四季如春。沿海地区海岸漫长，浅海滩涂辽阔，鱼、虾、螺、蚌、鲟、蚝等海鲜佳品常年不绝。得天独厚的地理优势，使得闽菜长于烹制山珍海味；利用东海的恩赐，以海鲜为原料，蒸、汆、炒、煨、爆、炸，使得闽菜向全国乃至世界人民奉献了一场饕餮盛宴。

福建自古多菜馆，福州的"聚春园"、"惠如鲈"、"广裕楼"、"另有天"，厦门的"南轩"、"乐琼林"、"全福楼"、"双全"等，都是清末民初就已经出现的老字号

"佛跳墙"的传说

相传这道菜是清同治末年（1874年），福州钱庄一老板设家宴招待福建布政司周莲，由其夫人亲自操办，采用鸡、鸭、肉和海参、鱿鱼、鱼翅、干贝、海米、猪蹄筋、火腿、羊肘、鸽蛋等18种原料，辅以绍酒、花生、冬笋、冰糖、白萝卜、姜片、桂皮、茴香等配料，效法古人放在绍酒缸内文火煨制而成，取名"福寿全"。周莲大快朵颐，赞不绝口，回去即命衙厨郑春发前来求教。郑在用料上偏重海鲜，减少肉类，味道更加香醇可口。后来郑辞去衙厨，开设聚春园菜馆，供应此菜，生意兴隆。一次几位举人和秀才慕名而来，品尝此菜。端上这道菜后，揭开盖，香气四溢，众人品尝后无不赞好，争相吟诗作赋，有人当场吟诗赞曰："缸启荤香飘四邻，佛闻弃禅跳墙来。"菜名由此改为"佛跳墙"。

↑ "佛跳墙"

↑ 荔枝肉

↑ 醉排骨

菜馆，至今仍吸引着天南海北的食客源源不断地去品尝正宗的闽菜。在夏日傍晚，或约三五好友，或携娇妻爱子，随便走进一家餐馆，叫上几个正宗闽菜如"鸡茸金丝笋"、"三鲜焖海参"、"清蒸加力鱼"，条件允许的话再品尝一道"佛跳墙"，真可谓是得此美食不羡仙。

福州菜清鲜、淡爽，偏于甜酸；选料精细，刀工严谨；讲究火候，注重调汤；喜用佐料，口味多变。俗话说"百尝不厌福建菜"，到福建可一定要品尝啊。

台湾美食——宝岛风情扬天下

↓ 卤肉饭

若是论起典故和渊源来，我国台湾美食当然比不上八大菜系里的美食有着悠久的历史和动人的传说，但这点却让它与其他地方美食相比，多了一份平易近人，多了一份亲切，好似童年邻家奶奶的好手艺，贴近人们的日常生活。

在台湾，判断一份美食的标准，不是它是否来自名厨、是否精雕细琢、是否精巧昂贵，而在于它是否能够愉悦人的心情，让人在品尝的同

时获得无法言说的幸福感。所以，在台湾，无论是让人胃口大增的缤纷夜市食品，还是午后时光里一杯温暖的珍珠奶茶，抑或顶尖餐厅里的一顿烛光晚餐，只要它让你产生幸福感，那么，不要怀疑，你所品尝的便是顶尖的美食。

　　提到台湾美食，必然要提的是台湾夜市。没有尝过台湾夜市食品，就不能说自己尝过台湾美食。无论台北、台中还是高雄，由北到南，台湾每个城市几乎都有红火的夜市，那无疑

蚵仔煎

"海中鸡蛋"——嵊泗贻贝

贻贝即"淡菜",是海蚌的一种,煮熟去壳晒干而成。因煮制时不必加盐,故称"淡菜"。贻贝味道极鲜,营养也很丰富,它所含蛋白质、碘、钙和铁都比较多,但所含脂肪很少。它们产于浙江、福建、山东、辽宁等省沿海,以身干、色鲜、肉肥者为佳。其中以有"海上仙山"之称的嵊泗的贻贝在中国最负盛名,具有很高的食用、药用功能。《本草拾遗》里记载:"主治虚羸劳损,因产瘦瘠,血气积结,腹冷,下痢,腰疼,带下。"《本草汇言》也记载:"淡菜,补虚养肾之药。"

是台湾文化的缩影。在那里,你可以找到浓郁的地方特色和真正的乡土风味,真切地融入到普通的台湾生活中。

台湾,受到东海的无尽馈赠。本就是人间美味的海鲜,不需要繁复的加工制作,就已经是美食中的佳品,所以台湾菜一向以烹煮海鲜闻名;再加上受到日本料理的"熏陶",台湾菜更发展出了海味之冷食或生吃,颇为人们所喜爱。于是,虾、蟹、鱼几乎占据了台湾料理的所有席面。受气候影响,岛内经常炎热,所以台湾菜倾向自然调味,趋于清淡,别树一帜。

饮食是一种文化,一种娱乐,一种生活态度,称台湾为"美食岛"一点也不过分。近年来,台湾的餐饮业走出宝岛,走进大陆乃至世界。精雕细琢的手工制作,清淡爽口的风味,宝岛美食为东海的餐桌奉献了一道别样的美味。

浙江、上海佳肴争芳

濒临东海的江浙一带,自然是与福建、台湾一样受到了东海的无尽恩惠。千里长的海岸,盛产各种各样的海味,佳肴自美,特色独具,有口皆碑。《内经·素问·导法方宜论》曰:"东方之城,天地所始生也,渔盐之地,海滨傍水,其民食盐嗜咸,皆安其处,美其食。"

⬆ 绵绵冰

⬆ 绵绵冰

⬆ "棺材板"

东海故事

↑ 辣椒炒螃蟹

↑ 虾子大乌参

↑ 清蒸海螺

苔心蚌肉汤

　　辽阔的东海如同一座巨大的宝藏，提供给周遭的不仅是壮美的自然风光、多姿多彩的海底生物，更形成了不少渔场，无私地回馈给生活在这里的渔民。尤其值得一提的是位于浙江的舟山渔场。舟山渔场因受我国台湾暖流和日本寒流的交汇影响，饵料丰富，为当地的水生动物提供了很好的物质环境，这也使它无愧于"东海鱼舱"的美誉。生有涯，食无涯，几十年来，舟山吸引着无数海鲜热爱者不远万里奔赴于此，品尝"中国海鲜之都"的美味。炎热的夏季夜晚，随便走进一家东海岸边的大排档，靠港的渔船便会直接带来鲜活的海味，随手指点两样，水煮爆炒或清蒸，简简单单的渔家菜再加上一壶东海渔家人自制的酸梅汤，顿时令人心旷神怡。

　　久负盛名的舟山渔场，千百年积累下来的渔家风俗、渔港风情汇聚成富有舟山特色的海鲜美食文化。2003年至今，舟山海鲜美食文化节已成功举办了十年，每年都以丰富多彩的文艺表演、各式各样的海鲜产品吸引着大量游客前来观海景、品海鲜，置身于美食的天堂，乐不思蜀，流连忘返。

　　"中国海鲜，吃在舟山。"几十年来，"东海鱼舱"舟山以它独特的优势展现着自身的魅力。漫步舟山，在落日后熙熙攘攘的集市，在凉风习习的夏夜海滩，舟山美食的味道似乎弥漫在每一缕风里，让人犹如置身于梦中的天堂。

　　因得这物产丰富的渔场存在，浙江菜里海鲜便是必不可少的食材。心灵手巧的浙江人用海鲜做出来的菜，既有海鲜的浓郁鲜美，又不腥不腻，吃到嘴里清爽可口。

龙井虾仁、鱼头豆腐、蓑衣虾球、咸菜大汤黄鱼……听到这些菜名，便已让人沉浸在浙菜的芳香里。每当贵客登门，或是亲友小聚，浙江的主妇便会先去市场选上几条刚从渔场带回来的活鱼，甚至再配上舟山渔场特有的一些海藻素菜，用当地独特的加工手法，巧妙配菜，细腻烹调，认真装盘，细细配色之后一道道精致的菜肴便会摆上餐桌。随着江浙一带的渔场蓬勃发展，浙江菜也在一代又一代名师高徒的发扬下日益壮大。相信心灵手巧又善于发掘的浙江人会更好地将东海美食融入浙菜菜系里。

距离"海鲜之都"舟山短短数百公里的上海人，出于对海洋美食的追求和热爱，经常在夏季和亲戚朋友一起驱车前往舟山品尝海鲜。更是由于两地距离较近，舟山的各种海味很久以前就被引进上海，经过本地的加工和制作，成为上海人餐桌上的美食。

众所周知，上海宛若东方的巴黎，时尚精致，这种风韵影响了上海人，也影响了上海菜。一批批海鲜从百里之外的渔场运回到上海之后，心灵手巧的上海厨师便为人们上演了一场厨技的表演。夏季通身透亮的大海虾，秋季肉肥味美的大海蟹……上海厨师用料鲜活，讲究时令，用一道道精致可口的菜肴装点了上海人的餐桌。

上海菜可谓是江南菜的集大成者。有人以浓油赤酱来概括上海菜的特色，意即汁浓味厚、油重、糖重、色艳。想象一下，一只只色泽艳丽的大海蟹，一条条汁浓味厚的大黄鱼，一个个爽口味美的大虾仁，轻轻地咬上一口，一天的奔波与疲惫都消散在这美味佳肴里。菜如其人，上海菜和上海人一样，带着这个城市的独特印记：精致、细腻、温雅、讲究，透露着不温不火的柔情蜜意。数百年来，上海一直是中国的指向标，美食也不例外。相信在上海人的口口相传之下，东海海味将走向更多寻常百姓家。

俗话说"民以食为天"，受到东海无私馈赠的东海人更是利用这得天独厚的地理条件，为全国各地的人们奉上了一道道美味佳肴。无论是漫步在渔村，还是徜徉在熙熙攘攘的闹市，总有袅袅炊烟，总有阵阵美味向四周弥漫开来，让你的每一个细胞都感到舒展，犹如置身仙境。

➲ 花蛤豆腐

家住东海边

晨曦里，迎着海上红日，扬起出海的风帆；夕阳下，伴随海鸥盘旋，奏响返航的号角。家住东海边，迎接清晨的第一抹霞光；家住东海边，送走傍晚最后一片夕阳；家住东海边，唱起渔家的号子；家住东海边，扬起船上的白帆。东海是一首歌，东海是一幅画，东海更是一个让人可以依偎入眠的家……

悬水小岛古渔村

"屡雨腥风骇浪前，高低曲折一城圆。人家住在潮烟里，万里涛声到枕边。"用这首诗来形容居住在浙江沿海一带悬水小岛上的人们的生活再恰当不过了。星星点点分布在东海周边的悬水小岛，形成了一个个古老的带有童话色彩的渔村，独特的风情和别致的景象吸引着人们的目光。

所谓悬水小岛，顾名思义，就是四周都是水的小岛。靠着四周环水的优势，这些独特的小岛发展成了渔村：鹅卵石铺成的小路，石砌的围墙，古旧的房屋随处可见，每一处场景的背后都有着一段独特的、带着海风气息的故事。从半山坡上放眼望去，"乱石墙，灰砖瓦，青苔爬上檐。黑漆门扉红窗格，庭院深深草色浓"，一派清新的景象。

悠悠土楼情

依山偎翠，方圆错落，犹如古堡一样巍峨苍朴，又如飞碟一样神秘壮观，如体育馆

↑ "四菜一汤"

一般气势恢宏,又如地下冒出的蘑菇一样绚丽多彩……数百年来,东海畔的客家人用自己的聪明才智和勤劳双手,建构了一座座明珠般的土楼。这独一无二的世界民居,以生土夯筑,却巧夺天工。

福建作家洗怀中说:"土楼是个句号,却引出无数的问号和感叹号。"美国哈佛大学建筑设计师克劳得也说:"土楼是客家人大胆、别具一格的力作,它闪烁着客家人的智慧,常常使我激动不已。"

土楼建筑群

坐落在闽南的民居建筑在20世纪80年代还曾引起过美国人的高度紧张，因为他们的卫星发现了这里1500多座巨大的蘑菇状建筑。冷战时期过度敏感的神经让美国人有充分的理由把这些深藏在福建省西南地区的异形建筑与中国神秘的核力量画上等号。但里根派出的两名调查员带回的报告却着实让演员出身的他过了把轻喜剧的瘾：那些神奇的建筑当然不会是什么核设施，它不过是中国客家人的古老城堡——土楼。这也让原本隐藏在山林间的"明珠"得以让世界知晓，向世界展现她独特的风情和卓越的身姿。

土楼以生土作为建筑材料，掺上细沙、石灰、竹片、木条等，经过反复揉、舂、压建造而成。楼顶覆以火烧瓦盖，经久不损。土楼通常高达五六层，可供三四代人同住。这种建筑特色和战争有关，它可以保证外人无法入内，又可联合全楼的力量共同抵御来犯之敌。另外，这样的建筑也有助于感情的凝聚。正如一副对联所写："一本所生，亲疏无多，何须待分你我；共楼居住，出入相见，最宜结重人伦。"所以，对客家人来说，土楼不仅是他们遮风避雨的场所，还是他们深深依恋的、可供诗意般栖息的精神家园。

漫步在土楼之间，有一种恍惚的感觉，那些沾染了岁月气息的旧木板，那些洋溢着美好情怀的红春联，那些高悬在楼道上的竹编箩筐，那些从东海返航带回的新鲜鱼虾，那些郁郁葱葱的山野梯田，平凡生活的趣味就在这宁静祥和的土楼中一点点洋溢开来……

浙江天台民居

在浙江的天台县走一圈，脑海里留下深刻印象的不仅有江南水乡的温文尔雅，不仅有江南女子的温柔善良，天台独特的传统民居也会吸引人们的目光，让人陶醉其中。

早在1954年，天台民居就吸引了建筑学家的目光，他们千里迢迢前来研究考察，把天台民居收入中国传统民居的典型。天台民

↑ 承启楼

↓ 土楼内部

↑ 土楼

裕昌楼

土楼之王——承启楼

据传承启楼从明崇祯年间破土奠基,至清康熙年间竣工,历经半个世纪,其规模巨大,造型奇特,古色古香,充满浓郁的乡土气息。"高四层,楼四圈,上上下下四百间;圆中圆,圈套圈,历经沧桑三百年"就是对这座土楼的写照。承启楼以高大、厚重、粗犷、雄伟的建筑风格和端庄的造型艺术,融入如诗的山乡神韵,让无数参观者叹为观止。

居呈"口"字形,和北方的四合院有相似之处,但少了一份北方的雄浑与粗犷,多了一份江南水乡的别致和雅静,闪烁着蕴含儒、释、道共同辉煌相映成趣的天台山文化。

现存的天台民居主要有两类:一种是官宦人家的旧居,一种是大户人家的建筑群体。这两类故居保存较为完整,大院外套小院,曲径通幽环境优美,小桥花园玲珑剔透,窗棂房檐雕刻精细;有些隐藏在半山腰的民居,视野高远,雨过天晴时,云漫远山,朦胧绵绵,居高远眺,天高地阔,霞光映射,此情此景,好像一幅水墨丹青画。

↓ 承启楼

东海狂欢

踏着浪花，与海共畅游；沿着沙滩，邀海共欢庆。东海渔民泛舟海上，在接受东海无私馈赠的同时，自然不会忘记用自己独特的方式来感谢和回馈这片海洋。一首首欢歌唱起来，一曲曲调子响起来，一场场节日的庆典拉开序幕。海洋狂欢，舞动的是东海之魂，表述的是东海之情……

风从东海来

风从东海来，潮自东海起。东海犹如一位美丽的、默默奉献的爱人，犹如一位慈祥的、无私给予的母亲，犹如一座巨大的宝藏，惠泽着周遭的百姓……

一年一度的海洋文化节，是东海人的一场盛宴，是东海人对东海的一场献礼。

舟山的海洋文化在东海一带具有代表性，舟山是中国唯一以群岛建制的地级市，有"海天佛国、渔都港城"之美誉。舟山人世世代代受到东海的馈赠与恩泽，2012年的海洋文化节在舟山举行，无不涌现着舟山人的海洋情怀。

2012年中国海洋文化节历时两个月，由一年一度的岱山休渔谢洋大典拉开序幕。活动主题是"增强海洋意识，建设群岛新区，与海同生共荣，与海和谐相处"。为期两个月的海洋文化节里有各种各样的活动，如开幕式暨休渔谢洋大典、海洋文化论坛、国际游艇展、海鲜美食争霸赛、中国海洋歌会、中德海洋文化交流展等，以平安、感恩、和谐的思想为主调，海洋文化深厚，海岛特色浓郁，地方气息独特。

海洋文化节里，最值得一提的是作为开幕式的休渔谢洋大典。2012年6月16日，祭海祈福大旗猎猎作响，洪

↑ 海洋文化节

↑ 海洋文化节

亮的钟声冲破云霄,上百名祭祀者把酒碗高举过头又低首缓缓洒在脚下,点燃祭火,恭请龙王,敬献供品……整个舟山被一种肃穆庄严的气氛笼罩着。2012年是龙年,传说中海又是龙的家乡,因此这届大典着重渲染龙年祭祀氛围,通过说龙、画龙、唱龙、舞龙、祭龙来传递平安喜悦。

东海之魂,赋予舟山生命的摇篮;东海之情,让我们一同守护舟山的母亲海。以海为荣,一场场节庆活动,一首首渔家号子,唱响了舟山和东海携手共进的篇章……

用海沙演绎世界

沙雕作为一种艺术形式,起源于美国,经过近百年的发展,沙雕已成为一项融雕塑、体育、娱乐、绘画、建筑于一体的艺术,其真正的魅力在于以纯粹自然的沙和水为材料,通过艺术家的创作,呈现迷人的视觉奇观。

丰富的海洋旅游资源,良好的海洋文化氛围,使得舟山成为沙雕艺术的天堂。一年一度的舟山国际沙雕艺术节,更是吸引了几十万的海内外游客前来参观,成为舟山独树一帜的城市名片。从1999年开始,国际沙雕艺术节每年都采用比赛与展示相结合的形式,每一届会定下一个主题,各路选手围绕这个主题施展各自绝活,极具观赏性。主要活动有开幕仪式、沙雕作品展示、沙雕比赛等。为丰富沙雕节活动,还常配有

▼ 沙雕作品

朱家尖国家生态公园观光、普陀山朝敬观光、沙雕摄影、沙滩足球比赛、花车游行、海鲜美食品尝等项目。

用海沙演绎世界，沙雕艺术是人类向海洋的又一种献礼。

碧海侠情桃花岛

情定桃花岛。金庸的一部《射雕英雄传》让一座名不见经传的东方小岛芳名远播，成为侠义与爱情的浪漫化身。置身岛上青瓦飞檐、古色古香的建筑中，面朝碧海，品一壶酒，遗世独立……

桃花这个意象很是美丽，春光争渡，落英缤纷。"去年今日此门中，人面桃花相映红。人面不知何处去，桃花依旧笑春风。"而岛这个词，有种与生俱来的孤寂感。所以，当温柔美丽的桃花遇上桀骜执拗的海岛，就必然成就一段传奇，就如这个东海深处的桃花岛，就如武侠故事里亦正亦邪的黄药师……

"不知道家乡的桃花，开了没有？""家乡的桃花开了，在桃花开了的地方有一个人在等你。"桃花岛主黄药师的爱情故事，以及他的女儿黄蓉与郭靖的爱情故事，让这个本就有着浪漫名字的岛屿变得如同三月早春的桃花，更显得灼灼其华。

每年七夕期间，以"浪漫召唤，桃花有约"为主题，桃花岛上都会举办盛大的中国侠侣爱情文化节，给情侣们准备一个独特而美妙的中国式情人节。期间，岛上有桃花歌会、桃花缘、桃花浪漫十景等一系列活动，等待着有情人将爱情进行到底。

明月当空，海浪声声，沙滩延绵，情侣们手牵着手走在沙滩上，或与爱人追逐嬉戏，或并肩而立看清风明月；情到深处，言语已不再需要，一个深情对望，一个温暖怀抱，便足以把千年前未曾了断的相思延续下去……

↑ 千步金沙

↑ 大佛岩景区桃花寨

蓝色图腾——东海信仰

浪花翻滚着的是东海的传说,海鸥鸣唱着的是东海的歌谣。千百年来,这片蔚蓝的海域里涌动着的是无数美丽动人的故事。信仰如同在东海历史长河里若隐若现的丝带一般,绵延不绝地连缀着东海的过去与未来,是东海人灵魂最深处的精神归宿。

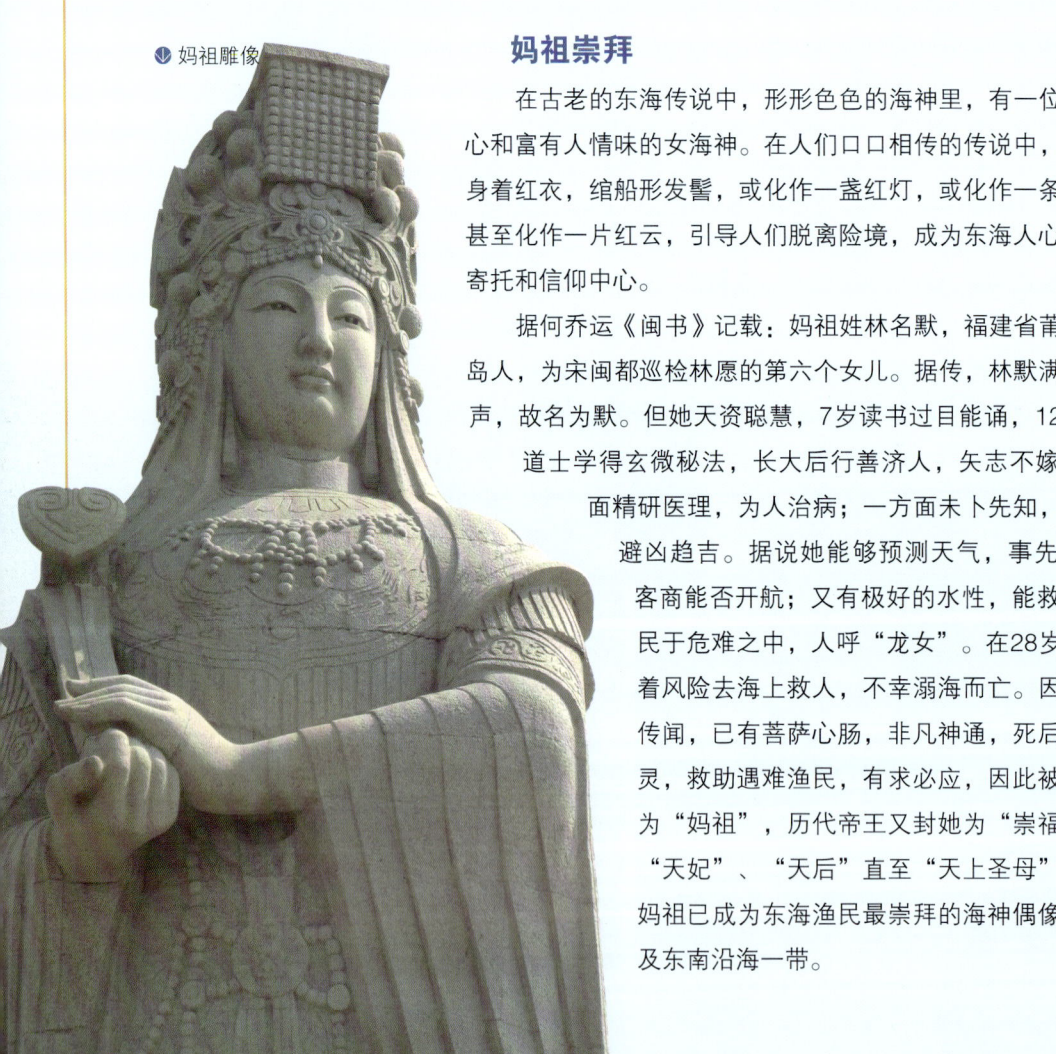

↓ 妈祖雕像

妈祖崇拜

在古老的东海传说中,形形色色的海神里,有一位具有同情心和富有人情味的女海神。在人们口口相传的传说中,天后妈祖身着红衣,绾船形发髻,或化作一盏红灯,或化作一条小红船,甚至化作一片红云,引导人们脱离险境,成为东海人心中的精神寄托和信仰中心。

据何乔运《闽书》记载:妈祖姓林名默,福建省莆田市湄洲岛人,为宋闽都巡检林愿的第六个女儿。据传,林默满月不闻啼声,故名为默。但她天资聪慧,7岁读书过目能诵,12岁从玄通道士学得玄微秘法,长大后行善济人,矢志不嫁。她一方面精研医理,为人治病;一方面未卜先知,引导人们避凶趋吉。据说她能够预测天气,事先告知渔夫客商能否开航;又有极好的水性,能救助海上渔民于危难之中,人呼"龙女"。在28岁那年,冒着风险去海上救人,不幸溺海而亡。因她生前的传闻,已有菩萨心肠,非凡神通,死后又屡屡显灵,救助遇难渔民,有求必应,因此被渔民尊称为"妈祖",历代帝王又封她为"崇福夫人"、"天妃"、"天后"直至"天上圣母"。如今,妈祖已成为东海渔民最崇拜的海神偶像,庙宇遍及东南沿海一带。

以浙江一带为例，每年农历三月廿三天后诞辰那日，会在妈祖庙举行庙会，又叫"娘娘会"。先是头一天晚上"佑夜"，第二天清早举行敬神大典。典礼由村中老人或绅士主持，各村渔户、船主依次参拜，接着进行天后妈祖的巡演活动。期间，有旗幡、高跷、民乐、龙灯、旱船等民间艺术表演，锣鼓喧天，鞭炮齐鸣，热闹非凡。

妈祖信仰在台湾一带也非常盛行。由于早期汉人移民多自福建渡海而来，且台湾四面环海，海上活动频繁，妈祖也就成为台湾人的普遍信仰之一。无论是大小街庄、山海聚落，还是通都大邑，随处可以看到妈祖庙。每年都有一批批的信徒虔诚地走进妈祖庙，乞求风调雨顺，年年平安。

普陀观音信仰

古人有诗曰："南海观世音，庄严手持尘。悠然妙色相，救苦度众生。"这首诗所说的就是在渔民心中"救苦救难，大慈大悲"拯救渔民于风口浪尖的观音菩萨，一位渔民心中的女海神。

千百年来，观音手托灵瓶、脚踏祥云、衣袂飘飘的仙风道骨形象深入每一个东海人的心中。东海诸岛，可谓"海岛处处供观音，观音信仰说不尽"，其中以普陀山的观音道场最为著名。《普陀山志》中记载：普陀山的观音道场初创在唐代，唐咸通三年（862年）日本僧人慧锷第二次来华；翌年，他在五台山请得一尊观音佛像从明州府乘船启程回国，途经普陀山海面时触礁受阻，于是在潮音洞登岸，把携带的观音像供奉在紫竹林中的张氏私宅，俗称"不肯去观音院"，普陀山观音道场从此发端。

妈祖显灵传说之神女救船

传说北宋宣和五年，宋朝派使者率船队出使高丽（今朝鲜），在东海遇到大风浪，八条船沉了七条，只剩下使者所乘的船还在风浪中挣扎。忽然，船桅顶上闪现一道红光，一朱衣女神端坐在上面，随即风平浪静，使者所乘的船转危为安。使者惊奇，船上一位莆田人告说是湄洲神女搭救。

⇩ 海天佛国

宋代以来，普陀山观音道场日益兴盛。宋太祖赵匡胤曾专门派人朝山进香，首创朝廷进香普陀山之先例。元代时，朝廷多次拨款给寺院建设。清朝康熙、雍正两帝不仅钦赐御匾，而且颁布圣旨，宣布普陀山观音道场乃"朝廷香火，务令天下臣民共种福田"。这样一来，帝后嫔妃，善男信女，无不前往普陀山朝拜。

对于饱经风浪之苦的海岛人来说，观音"大慈大悲，救苦救难"悲天悯人的情怀和"无所不在，一呼即灵"的神通，是他们所期盼和感恩的。东海上风高浪大，东海人在享受着东海馈赠的同时还担当着风险。如此一来，有这样一位神灵作为信仰，他们便觉得有了依靠，有了庇佑，可以放心地驾驶着渔船航行在东海。

至今东海还流传着关于观音的种种传说，鱼篮观音就是其中的一则。话说观音为了感化渔民，装扮成渔妇，手提鱼篮，入市卖鱼。她要买主把鱼买去放生，众人哄笑而散。其中有一个名叫马郎的渔夫，

南海观音

见观音篮中之鱼干而不死,很是惊奇,便买了鱼前去放生。后来马郎在观音的点化下得了真经,建了茅庵,供奉观音像,传谕世人。

如今的普陀山,仍旧可以看到一些为亲属和子女前来还愿的老年渔妇,她们身背香袋,手拿清香,口念佛号,长跪在地,三步一拜,跪攀1087级台阶,一直拜上佛顶山,以示其信仰之坚定⋯⋯

永远的信仰希冀

手持净瓶杨柳,脚踩莲花宝座,相貌端庄慈祥,具有无量的智慧和神通,大慈大悲,普救人间疾苦。千百年来,观音已在千千万万的善男信女中形成了这样的固有形象,成为信徒心中永久的慰藉和精神家园。观世音菩萨在佛教诸菩萨中,位居各大菩萨之首,是我国百姓最崇奉的菩萨,拥有的信徒最多,影响最大,这和她所代表的和诠释的大乘佛教慈悲救世的精神是密不可分的。观世音菩萨在国际上有"人类的仁慈保护者"之称。"天有不测风云,人有旦夕祸福",在自然界的灾变与人间社会祸难不可能消除的情况下,观世音菩萨成为人们心中永远的信仰和希冀。

隋唐以来,民间观音信仰日趋深入和广泛,并逐渐形成了以敬奉观音为主的三个农历宗教节日:二月十九为观音诞生日,六月十九为观音成道日,九月十九为观音出家日,民间有

↑ 第二届世界佛教论坛入场

⬇ 如来佛祖雕像

的将这三日并称为观音菩萨圣诞。观音圣诞是大节日,这天,人们一起素食斋戒,或者一起朝圣,或参加庄严的观音法会,沐浴佛法梵音,净化心灵。并在寺院外逐渐形成热闹的庙会和香市,形成中华各地悠久的庙会文化。不仅在寺院,在中国大多普通百姓的家庭,都供着观音像,早晚一炉香,以感念观音的普度众生。

观音信仰在民间历久不衰,在众多普通民众的心里根深蒂固,实际上人们对观音菩萨的崇拜是一种对"真善美"的希望和追求,也是国人心灵深处对大士慈航普度的伟大精神的信仰和希冀。

有着悲天悯人情怀的观音菩萨是佛教中的代表人物,而佛教是被称为慈悲的宗教。在佛教记载中,2500多年前,释迦牟尼因观世间众生沉溺欲海,饱受生老病死之苦,从而发愿出家求解脱之道。经过十余年的访师求道和潜心修行,释迦牟尼终于证得了解脱生死轮回之无上正等正觉法。之后,释迦牟尼以此无上菩提法化导众生,说法40余年,直至圆寂,以实践他降生之时即立下的誓愿:"三界皆苦,吾当安之","此生利益一切人天"。佛陀的这一誓愿,体现了佛教关怀众生、利乐有情的伟大的慈悲精神。

而佛教的慈悲精神,不单是对人类社会,它也遍及于一切有情之生命,乃至所有无情之山水土石。佛教对有情生命之慈悲,不仅体现于"不杀生"的戒律中,更体现于为救有情众生之生命，可以不惜牺牲自己的一切，乃至生命。在佛典中有大量记载着佛、菩萨为救助有情众生，不惜牺牲自己一切的故事。其中，"割肉喂鸽"、"舍身饲虎"等是人们熟知的故事，虽不免有所夸张和极端，但它表达了慈悲利他精神的理想和升华。佛教对无情之山水土石的慈悲，则体现为对人类生存环境的良好保护，在佛教教义中，一草一木皆为生灵，一山一石皆要爱护，这种慈悲精神，直到今天，依然有着极其重要的意义，如同星辰一样，散发着夺目的光泽。

　　宗教与文化息息相关，一种宗教的传播和发展自然会对文化交流产生极其重要的影响，佛教的传入传出也大大推进了中外文化的交流。中国佛教源自印度，是亚洲各国人民共同信仰的主要宗教之一，是古代中外文化交流的重要纽带和桥梁。佛教自汉代传入中国后，形成北传汉语系的佛教和藏语系的佛教。佛经翻译是佛教传播的基础工作，是古代中外佛教文化交流的重要途径，它的开展加强了中外各民族文化的融合。佛经文献的传播也开启了中外图书文化交往的大门，推动了古代中外官府和民间的友好往来。佛经文献东传的主要国家是朝鲜和日本，南传主要是越南，在那个时期大大促进了文化的交流与往来。

　　直到今天，佛教依然在促进中外文化交流方面发挥着自己的作用，2500余年来，佛教超越种族与国界，东渐西输，南传北播，流布寰宇，蔚为世界三大宗教之一，受众极广，遍及世界各地，世界性佛教组织纷纷涌现。在发展了佛教的同时，也大大促进了各国的文化交流与传播。

首届世界佛教论坛

值得珍藏的东海风俗画

　　晨曦万丈，日出东方，这是清晨的东海。渔歌唱晚，海鸥满天，这是傍晚的东海。星星渔火，点点归舟，这是夜晚的东海。临海而居，洗衣织网，这是女子的东海。成群结队，捕鱼捞虾，这是男子的东海。回首处，东海浩渺的烟波上荡漾着种种风情，东海畔的种种风俗也如同散落在沙滩上的贝壳一样，带着动人的光泽。无论时光如何流淌、岁月如何远去、历史如何消隐，这些奇异的画卷却依旧保持着最原始的色彩，留待后人去观望、去品尝。

惠安女的奇特婚俗

　　新娘迈过火炉走出娘家的祖屋，是惠安女传统婚俗的一个程序。据说，红色的火焰预示着新婚生活的红红火火。像传统的习俗一样，新娘通常会梳着非常奇特的发型。只有在结婚的大喜日子里，惠安女才能梳这样漂亮的发型。它是由五六个心灵手巧的妇女，梳理四个小时左右才能完成的。为什么这些妇女要给新娘梳这样的发型呢？这里存在着什么奥秘呢？原来，在过去长住娘家的婚俗中，它对新娘的新婚之夜有监督的作用。据说新娘结婚三天后回娘家，如果发现她的头发乱了，同辈的姐妹就会讥笑她。因此为了保持发式整齐不乱，通常新娘在新婚的三天三夜都不躺着睡觉，千方百计避免和新郎睡在一起。

高山族"穿耳"

　　高山族原住民普遍流行穿耳。古代时尚少女"最喜男子耳垂至肩，故竞为之"。穿耳在幼年或少年阶段进行，"贯于竹节，至长，渐易其竹而大之，待耳孔大如巨环，垂肩上"（《番社采风大大图考》）。女子也"耳穿五孔，饰以米珠"。

宁海婚俗

　　传统宁海婚俗极其重视嫁女的嫁妆，虽然那时女性地位低下，但父母为使女儿在夫家争得地位，不惜一切代价，为女儿打造丰厚的嫁妆。所有嫁妆朱漆贴金雕花，制作工艺极其繁缛，形成特有的木雕流派，称为"朱金木雕"。器物选材考究，工艺精湛，因此，在民间有"千工床，万工轿，十里红嫁妆"之说。

东海 那些诗情画意
EAST CHINA SEA POETIC ART
03

　　渔家的号子吹起来，渔家的姑娘舞起来，渔家的灯火亮起来，渔家的汉子唱起来，自古以来，东海这片美丽的海域就被歌舞环绕着。月满金沙，惊涛拍岸，这些胜景凝固成文人墨客诗里的吟诵；碧海蓝天，夜空繁星，这些风采在画家的笔端变成永恒。在东海的海滩上漫步，随手掬起一把海水，便掬起了岁月；随手捡起一个贝壳，便捡起了时光；随手捧起一把细沙，便捧起了故事；随手揽起一缕月光，便揽住了诗情……

东海拾贝——世代相传的美丽传说

千百年来，斗转星移，东海碧波万顷地翻卷着，翻卷着古老的故事，翻卷着迷人的传说。这些美丽的故事和传说仿佛是这碧波中沉淀下来的奇异贝壳，珍贵的明珠，记录下了人性中的至善至美，留待后人去细细观摩品味……

女儿礁的故事

女儿礁这个听起来诗情画意的名字源于一个古老的传说。相传很久以前，东海边住着渔家父女俩，他们相依为命，日子过得很是清贫，所幸女儿秀丽有一门织网的好手艺，老渔夫就靠着她织的网捕点儿鱼虾换些柴米过日子。每年六月是鱼虾旺发的季节，老渔夫每天高高兴兴地出海，想要获得一个大丰收，谁知总是一无所获地回来。原来海蜇总是把网挤破，鱼虾随之逃走，岛上的渔民见这里捕不到鱼，也纷纷搬到了别处。

秀丽每天都在为这件事情发愁，吃不下饭也睡不好觉。有一天她织网时愁得蒙眬睡去，睡梦中听到了一阵歌声："秀丽姑娘不用愁，秀丽姑娘不用烦，白归白来黄归黄，白的黄的不同网。"醒来的秀丽仔细想了想这首歌谣：白的是海蜇，黄的是鱼虾，这首歌说两个不同网，是不是让海蜇从另一网口通过？

这样一想，她便灵机一动，将破网凑成了两张网，又在网的上部开了一个口，另外套进一张开口的网。老渔夫拿着这张网出海一试，结果，海蜇趁着潮水乖乖地跑出去，而鱼虾依旧在网里欢腾跳跃。

善良的秀丽把这种方法教给了左邻右舍，当地的百姓都很高兴，把这种能捕鱼虾的网叫作"网通"，用这种方法捕到了足够多的鱼虾。但是好景不长,当地的渔霸陈平海听说了这件事,见秀丽长得漂亮又心灵手巧,便心生歹念,想霸占秀丽为妻。他派媒婆前去说媒,被老渔夫痛斥了一顿,他便趁老渔夫出海之时,派人去抢秀丽。

美丽善良的渔家姑娘在万般无奈之下,逃到海礁上,跳海而死,闻讯赶来的老渔夫和乡亲们悲痛欲绝,纷纷将手里的石块扔到海里,竟堆成了一座岩礁,乡亲们为了纪念秀丽,便将这块礁石取名为女儿礁。

千百年来,这块礁石带着渔家人对丰收的美好寄托,带着渔家人与狂风巨浪拼搏的勇气和信心矗立在那里,保佑着千千万万出海打鱼的东海渔民。

↑ 织网的秀丽

东海水晶的故事

"千年积雪万年冰,掌上初擎力不胜。南国旧知何处得,北方寒气此中凝。"关于水晶,数不尽的诗词歌赋,数不尽的风流文章,它常被比作贞洁少女的无瑕泪水、夏夜天穹的耀眼繁星、圣人智慧的结晶、大地万物的精华,而东海里的水晶,更以其至纯至美享誉天下。

关于东海水晶,人们自然也赋予了很多古老的传说,为其增添了神秘色彩。

相传在东海有座形似草屋的山冈叫作房山。山间汩汩流淌着两股清粼粼、蓝盈盈的泉水,上者叫"上清泉",下者叫"下清泉"。一位美丽绝伦的神女名叫水晶仙子,伴着老父亲住在这风景秀丽的山水中。山中每天都有一群群人前来打柴,年复一年,水晶仙子偷偷爱上了清泉村一位英俊勤劳、靠打柴为生的小伙子,并以身相许与他结为夫妻。后来,这事被天宫的玉皇

↑ 东海水晶

东海水晶

大帝知道了，遂派天兵天将将水晶仙子强行押回天宫，多情的水晶仙子不愿与夫君分离，一路上泪水涟涟，洒落的泪珠落在大地上便化作了水晶。

神话是一种古老信念的自然流露，人们相信那些珍贵的水晶，成长于天地玄黄、宇宙洪荒的年代。正如17世纪英国一位宝石匠所言："每块宝石都有一个由某种宝石或其他材料形成的子宫，宝石在它的子宫里，通过汲取营养液而获得滋养。"

七姐妹山的故事

杭州湾口的东海海面上，矗立着七个相互毗邻的小岛，这七个小岛连在一起，当地人称之为"七姐妹山"。这座山也有着一则美丽动人的传说。

⬆ 七仙女图

相传很久以前，三北一带还是一片苍茫大海，海上有个荒岛住着一位姓霍的老渔民，他因不堪忍受渔霸的迫害而带着七个女儿逃到了荒岛上。这七个女儿，相貌各异，有着各具特色的名字，胖的叫作"馒头"，有酒窝的叫作"酒壶"，开腊梅花的时候出生的叫作"小梅"……老渔民的七个女儿，个个聪明伶俐，讨人喜欢，她们在岛上打鱼劳作，过着快乐的生活。

有一天，父女们正在海边织补渔网，忽然一阵狂风，一个海中怪物张着血盆大口出现，把老渔民卷到了它的肚子里。七姐妹见到老父遭到如此横祸，痛不欲生，下定决心要为亲人报仇。谁知这个海中怪物吃了七姐妹的老父之后，还对这七个女子产生了爱慕。有一天它化作满身锦绣的黄胖子，自称是"海中之王"，住在水晶宫里，说是要接七姐妹到水晶宫里享受锦衣玉食、绫罗绸缎。

七姐妹觉得这是一个替父报仇的好机会，她们假意进了水晶宫，强忍着悲痛，装作一副欢天喜地的样子，轮番给"海中之王"灌酒，将他灌醉之后乘机取下了它藏在额下的宝丹，分成七块各自吞了下去。一时间天昏地暗，海浪翻滚，七姐妹变成了七座由西向东排开的小山，为出海渔民指示航向。

"海中之王"醒后，由于宝贝丢失，双目失明，变成了一座"海王山"，与"七姐妹山"遥遥相对，好似还带着满腔怒气，想要讨回宝丹。

金塘岛的由来

相传"金塘岛"原来叫"金藏岛",遍地都埋着黄金。

东海龙王得知这消息,想独吞黄金,就派龙子龙孙、虾兵蟹将,冲向金藏岛,一路上横冲直撞、滥杀无辜。

金藏岛的东头,有座纺花山。山上住着一位纺花仙女,她看见东海龙王残害百姓,便想打抱不平。纺花仙女捞起拂帚,朝海面轻轻一拂,漫上纺花山的潮水就"哗"地向后退了。金藏岛上头的男女老少,统统逃到纺花山去。

纺花仙女变作一位满头白发的百岁老阿婆,拄着拐杖对大家说:"龙王抢金藏,百姓遭了难;要忖保金藏,随我把花纺;纺花织成网,下海斗龙王。"人们听了老阿婆的话,不论男女老少都纺花织网,整整忙了七七四十九天,织出了一顶九九八十一斤重的金线渔网。

网织好后,一个名叫海生的七八岁的小男孩跳了出来,自愿下海斗龙王。纺花仙女拿出一套金线衣,给海生穿上,又教了海生几句秘诀。穿上金线衣的海生,按照纺花仙女教的说了声:"大!"肌肉马上一块块大了起来,越来越大,最后变成了一个巨人,拿起那顶九九八十一斤重的金线渔网,告别纺花仙女和乡亲们,奔下纺花山,"扑通"一声,跳进了东海。

海生游到海当中,拿出金线渔网一抛,说声:"大!"那网就变成大罩落到海里去。第一网收起,就扣牢了东海龙王的护宝将军狗鳗精。海生听纺花仙女说过,只要擒住狗鳗精,

⬇ 金塘岛

就可得到煮海的锅；有了煮海锅，就能保住金藏岛。海生说声："小！"金线渔网越缩越小，罩紧了网里的狗鳗精，狗鳗精痛得死去活来。海生要狗鳗精交出煮海锅，为了活命，狗鳗精只好带海生到东海龙宫的百宝殿去拿……

按照纺花仙女的指点，百姓在海边架起煮海锅，舀来一瓢东海水，柴火生起，开始煮了。煮呀煮呀，一炷香过去了，煮得海面冒热气；二炷香过去了，煮得海水起白泡；三炷香过去了，煮得东海龙王浮出水面喊饶命！海生说："退潮息浪，还我金藏；否则，我就把你这个海龙王煮烂！"东海龙王命令潮退五尺，浪息三丈，金藏岛又露出了水面。然而锅拿掉，火一停，海龙王就变了面孔，一个浪头过来就把煮海锅卷得无影无踪。"怎么办？"海生急得直跺脚。这一脚跺得地动山摇，埋在地下的金子都被其跺了出来，金子统统堆在了海涂，筑起了一条金海塘。不管多大风浪，金海塘一动也不动。

从此之后，金藏岛就成了金塘岛。

石香炉的传说

关于石香炉的传说，和先人鲁班有关。

有一年，山东巧匠鲁班，带着他的小妹到杭州来。他们在钱塘门边租了两间铺面，挂出"山东鲁氏，铁木石作"的招牌。招牌刚刚挂出，上门来拜师傅的便把门槛给踏断了。鲁班挑挑拣拣，把180个心灵手巧的年轻后生收留下来做徒弟。

石香炉

一天，鲁班兄妹正在细心教授徒弟，一阵黑风刮过，顿时天上乌云乱翻，原来有一个黑鱼精到人间来作祟了。黑鱼精一头钻到西湖中央——杭州一个360丈的深潭。它在深潭里吹吹气，杭州满城鱼腥臭；它在深潭里喷喷水，北山南山下暴雨。就在这一天，湖边的杨柳折断了，花朵凋谢了，大水不断往上涨。

鲁班兄妹带着180个徒弟，一齐爬上了宝石山。他们朝山下望，只见一片汪洋，全城的房屋都泡在了臭水里，男女老少都逃到西湖四周的山头上。湖中央，转着一个老大老大的漩涡，漩涡当中翘起一张很阔很阔的鱼嘴巴；鱼嘴巴越翘越高，慢慢地露出整个大鱼头；鱼头往上一挺，蓦地飞起一朵乌云，升

↑ 鲁班兄妹收徒

到天上。乌云飘呀飘呀，飘到宝石山顶上，慢慢落下来，里面钻出一个又黑又丑的后生。

黑后生看上了鲁班的妹妹，要她嫁给自己，并说如果鲁班的妹妹不同意会继续淹涨，一直把整个城镇全部淹掉。鲁班的妹妹心想：倘若再涨水，全城人的性命都保不住了。她眼珠儿转了两转，办法便有了，对黑后生说："嫁你不急，让阿哥替我办样嫁妆。高高山上高高岩，我要叫阿哥把它凿成一只大香炉。"

黑后生高兴得拍大腿："好好好！天上黑鱼王，落凡立庙堂。有个你陪嫁的石香炉，正好拿它来收供养！"鲁妹拉过阿哥商量了一阵。鲁班对黑后生说："东是水，西是水，怎么办呢？你把大水落下去，我才好动手。"

黑后生张开阔嘴巴一吸，满城的大水倒灌进他的肚皮里去了。鲁班指指山上的一块悬崖问黑后生："把这座山劈下来凿只香炉怎么样？"黑后生说："好哩，好哩。大舅子，你快凿，凿得越大越风光！"

鲁班说："香炉高，香炉大，重重的石香炉你怎么搬呢？"黑后生说："喏喏喏，只要我抬抬脚，身后就会刮黑风。小小的石香炉算了什么，就是一座山我也吸得动！"逃难在

四周山上的人都回家去了，鲁班他们便爬上那倒挂着的悬崖。鲁班抡起大榔头，在悬崖上砸下第一锤；他180个徒弟，跟着砸了180锤。"轰隆"一声，悬崖翻下来了。从此以后，西湖边的宝石山上便留下了一堵峭壁。悬崖真大呀，这边望望白洋洋，那边望望白洋洋，怎么把它凿成滚圆滚圆的石香炉呢？鲁班朝湖心的深潭瞄瞄，估好大小，就捏根长绳子，站在悬崖当中，叫妹妹拉紧绳子的另一头，绕着自己跑了一周，鲁班妹妹的脚印子便在悬崖上画了一个圆圈圈。鲁班先凿了大样儿，180个徒弟按着样子凿。凿一天又一天，一共凿了七七四十九天，悬崖不见了，变成一只大石香炉。圆鼓鼓的香炉底下，有三只倒竖葫芦形的尖脚；尖脚上，都有个三面透光的圆洞。大石香炉凿成了，鲁班对黑后生说："你看，你看，我妹妹的嫁妆已办好，现在就请你搬下湖！"

黑后生一个转身就往山下跑，他卷起的旋风，竟把那么大的一个石香炉"咕噜噜"吸在后面滚。黑后生跑呀跑呀，跑到湖中央，变成黑鱼，钻进深潭；石香炉滚呀滚呀，滚到湖中央，在深潭旁边的斜面一滑，"啪"一下子倒覆过来，把深潭罩得严严实实，不留一丝缝隙。黑鱼精被罩在石香炉下面，闷得透不过气来；往上顶顶，石香炉动不得；想刮一阵风，又转不开身子，没办法，只好死命往下钻。它越往下钻，石香炉就越往下陷……

黑鱼精终于闷死在湖底了，石香炉也陷在湖底的烂泥里，只在湖面露出三只葫芦形的脚……

贼婆献珠

相传很久以前，有个叫海旺的打鱼人，父亲早逝，和母亲相依为命。他是个非常孝顺的儿子，40岁那年他母亲患上了"心口痛"，他四处求医问药为母亲治病。但不幸的是，他母亲的病反而更加严重。一天，海旺出海捕鱼，想买药继续给母亲治病，可那日没有任何收获，伤心的海旺对着东海大哭。他的哭声引来了一只比船还要大的乌贼婆。乌贼婆是龙王府的乳母，听了海旺的故事十分感动，她告诉海旺，自己也曾得过这病，因为自己替龙王抚养照顾过龙子龙女，所以龙王给它一颗宝珠镶嵌在了骨背上，治好了这个病。乌贼婆给了海旺一支金钗，让他挖出宝珠给母亲治病。

可是，宝珠镶嵌在骨头里的时间太长变成了粉末，海旺取回粉末回家给母亲服下，不久，海旺母亲的病就痊愈了。

从那以后，乌贼骨这味中草药就在东海一带流传开来……

↑ 可做药材的乌贼骨

东海龙女的传说

无论是在电视屏幕上还是在民间传说里，提到东海，则少不了东海龙女的故事。关于东海龙女，也有一则动人的传说。

传说在观音菩萨身边，有一对童男童女，男的叫善财，女的叫龙女。龙女原是东海龙王的小女儿，生得眉清目秀，聪明伶俐，深得龙王的宠爱。一天，她听说人间玩鱼灯，异常热闹，就吵着要去观看。龙王捋捋龙须摇摇头说："那里地荒人杂，可不是你龙公主去的地方呵！"龙女又是撒娇又是装哭，龙王总是不依。龙女嘟起小嘴巴，心里想道：你不让我去，我偏要去！好不容易挨到三更天，便悄悄溜出水晶宫，变成一个十分好看的渔家少女，踏着朦胧月色，来到闹鱼灯的地方。

这是一个小渔镇，街上的鱼灯多极啦！有黄鱼灯、鳌鱼灯、章鱼灯、墨鱼灯、鲨鱼灯，还有龙虾

↑ 观音菩萨身边的善财童子和龙女

灯、海蟹灯、扇贝灯、海螺灯、珊瑚灯……龙女东瞧瞧、西望望，越看越高兴。不一会来到十字路口，这里鱼灯叠鱼灯，灯山接灯山，五颜六色，光华璀璨，让龙女看得出了神。这时候从阁楼上忽然泼下半杯冷茶来，不偏不倚正泼在龙女头上。龙女猛吃一惊，叫苦不已。原来变成少女的龙女，碰不得半滴水，一碰到水，就再也保不住少女模样了。焦急万分的龙女怕在大街上现出龙形，招来风雨冲塌灯会，于是不顾一切地挤出人群，狠命地向海边奔去。刚刚跑到海滩，龙女变成一条很大很大的鱼，躺在海滩上动弹不得。正巧，海滩上来了一瘦一胖的两个捕鱼小子，看到这条光灿灿大鱼，一下子愣住了。两人嘀咕了一阵，然后扛着鱼，上街叫卖去了。

那天晚上，观音菩萨在紫竹林打坐，早将刚才发生的事情看得一清二楚，不觉动了慈悲之心，对站在身后的善财童子说："你快到渔镇去，将一条大鱼买下来，送到海里放生。"善财稽首道："菩萨，弟子哪有银两去买鱼呀？"观音菩萨笑着说："你从香炉里抓一把去就是了。"

善财点头称是，急忙到观音院抓了一把香灰，踏着一朵莲花，飞也似的直奔渔镇。这时，两个小子已将鱼扛到大街，一下子被观鱼灯的人围住了。称奇的、赞叹的、问价的，唧唧喳喳，议论纷纷，可是谁也不敢贸然买这么一条大鱼。有个白胡子老头说："小子，这条

△ 龙女雕像

鱼太大了，你们把它斩开来零卖吧。"胖小子一想，觉得老头说得有理，于是向肉铺借来一把斧，举起来就要斩鱼。

突然，一个小孩子叫开了："快看呀，大鱼流眼泪了。"胖小子停斧一看，大鱼果然流着两串晶莹的眼泪，吓得丢掉斧就往人群外面钻。瘦小子胆子大些，想要卖掉鱼挣外快，赶紧拾起斧要斩，却被一个气喘吁吁赶来的小沙弥阻止住了："莫斩！莫斩！这条鱼我买下了。"众人一看，十分诧异："小沙弥怎么买鱼来了？是不是要还俗开荤？"

小沙弥见众人冷语讥笑，不觉脸红了，赶紧说："买这条鱼是去放生的！"说着掏出一撮碎银，递给瘦小子，并要他们将鱼扛到海边。三人来到海边，小沙弥叫他们将大鱼放到海里。那鱼碰到海水，立即打了一个水花，游出老远老远，然后掉转身来，向小沙弥点了点头，倏忽不见了。瘦小子见鱼游走了，摸出碎银，要分给胖小子。不料摊开手心一看，碎银变作了一把香灰，被一阵风吹得无影无踪。转眼再找小沙弥，也不知去向了。

再说东海龙宫里，自从不见了小公主，宫里宫外乱成一窝蜂。龙王气得龙须直翘，海龟丞相急得头颈伸出老长，守门官蟹将军吓得乱吐白沫，玉虾宫女怕得跪在地上打战……闹到天亮，龙女回到水晶宫，大家才松了口气。龙王瞪起眼睛，怒气冲冲地呵斥，龙女一看龙王动了怒，知道撒娇也没有用了，便照实将自己的遭遇讲了一遍。龙王听了，脸上黯然失色。他怕观音将此事讲出去，让玉皇大帝知道了，自己就得落个"教女不严"的罪名，一生气把龙女赶出了水晶宫。

龙女十分伤心，茫茫东海不知道该到哪里安身。第二天，她哭哭啼啼来到莲花洋。哭声传到紫竹林，观音菩萨吩咐善财去接龙女上来。善财蹦蹦跳跳来到龙女面前，笑着问道："龙女，你还记得我这个小沙弥吗？"龙女连忙揩掉眼泪，红着脸说："是善财哥哥呀？你是我的救命恩人呢！"说着就要叩拜。善财一把拉住她："走。观音菩萨叫我来接你呢！"龙女一见观音菩萨端坐在莲台上，俯身便拜。观音菩萨很喜欢龙女，让她和善财像兄妹一样住在潮音洞附近的一个岩洞里，这个岩洞后来就称为"善财龙女洞"。

从此，龙女就跟了观音菩萨。可是龙王反悔了，常常叫龙女回去。龙女依恋着东海的风光，再也不愿回到禁锢它的水晶宫去了。

凝固的艺术——东海图画和雕塑

东海的辽阔壮美,东海的月满金沙,东海的惊涛拍岸,除了用华丽的辞藻吟唱、用多情的文字歌颂,心灵手巧的东海人更是别具匠心地用图画和雕塑把它们变成凝固的永恒的画面。这些独特的艺术因为沾染了海洋的气息变得格外富有生气……

舟山渔民画

坐落在东海之滨的舟山,仿佛东海畔的一串珍珠,拥有大小不一的海岛1000多座。这些海岛个个风景如画,星罗棋布在海面上。蔚蓝的大海和丰饶的岛屿除了用自己的宝藏养育东海人民,还以自己独特的风情引导着东海人发现和记录身边的美景。舟山渔民凭着一支淳朴的画笔、一张纯净的白布,和着自己那天马行空的想象力和创造力,纵情挥笔,创造出一幅幅绚丽多姿、雅拙率真的艺术画卷。这些头脑里没有框框没有约束的渔家子弟,对于画面和色彩,却有着一种天生的、让人叹为观止的禀赋。他们凭借着海之子自由奔放的天性,进行酣畅淋漓的创造,用捕鱼、织网的手拿起画笔,在画纸、画布上,用炫目的色彩勾勒出一幅幅看似不修边幅实则灵光闪现的渔民画。

舟山渔民画起源于20世纪80年代,渔民画获得了许多省级、国家级奖项。几年后,舟山群岛定海、普陀、岱山和嵊泗四个县(区)被文化部命名为"中国现代民间绘画之

↑ 舟山渔民画

↑ 舟山渔民画

乡"。这群一年四季被浪花簇拥的岛屿，像盛产鱼虾一样，开始盛产一种叫渔民画的艺术。

　　大海的博大，养育了渔民画家豪放不羁的性格。他们的作品用色大胆而强烈，常常是大红大绿整块的色彩铺上画面；有时为了烘托画面的喜庆气氛，甚至把海水也画成大红色。渔民画吸收了传统民间艺术的养分，吸收了大海浩瀚的气魄，在艺术个性方面特色突出，题材、构思、造型、用色都独树一帜，趣味雅拙率真，洋溢着浓浓的海味。欣赏他们的作品，犹如海风拂面、螺声萦耳。

　　展开一幅渔民画，很难不被里面的海乡渔村风情吸引，缤纷的画面，瑰丽的想象，强烈的色彩使人们仿佛走进了神秘莫测、变化多端的海洋世界，耳边也仿佛响起了阵阵的海潮声。一幅幅渔民画展现着东海古老神秘的过去、独树一帜的海洋风情、渔家的礼仪和生活，它们交织着渔家人生命的律动，传承着东海的历史脉络，演绎着渔家人的情感世界。渔民画，犹如东海里翻卷着的小浪花，如此朴实无华，却承载着渔民最美好的愿望，展现着他们与大海难以割舍的情缘。

　　《织渔网的女人》是渔民画家隋金凤创作的一幅以大海为题材的作品，画面上展现的是渔家最平常不过的场景，但在隋金凤的笔下却别具一番情趣。一位织渔网的女人，犹如丹麦童话的"美人鱼",作者将想象中的"美人鱼"与织渔网的女人融合在一起,使作品更加精彩。织渔网的女人身后是一张大网,而网上有许多小鱼。仔细端详织渔网的女人,两条鱼儿勾勒成眼睛,两只手持鱼梭、鱼线的胳膊犹如海里的章鱼,长长的"美人鱼"尾巴悠闲自得地在水中摇摆。这种夸张变形且轻松活泼的画面,是相当精彩的。长年生活在海边的隋金凤,与大海有着割舍不断的情结,因此才有与大海紧密相连的作品,才有让人耳目一新的绘画风格。一位著名美术评论家看了隋金凤的渔民画后感慨地评价说:"一位渔家女用手中的画笔创作出如此精彩的作品,是令人钦佩的。她用了正规学校完全不能用的手法,重新演绎和诠释了对大海的情感,是一位了不起的渔民画家。"

舟山沙雕

舟山群岛千里绵延的金色沙滩,为沙雕这一艺术形式的繁荣提供了得天独厚的条件。几十年来,世界各地的艺术家纷纷奔赴舟山,用沙子和海水建构起一座座壮观的雕像。沙雕奇观和海滨自然风光相互融合,使得这一艺术形式成就了永恒的魅力。

舟山的朱家尖,有"沙雕天堂"之称。朱家尖是一座神奇的海岛,岛上有9个沙滩,是华东地区乃至全国最大的组合沙滩群,其中5个沙滩连在一起,构成了"十里金沙"的景观。这些金色的沙滩,沙质细腻,滩平而宽广,是制作沙雕作品和开展沙雕活动的理想材料与场所,每年在这里举办的沙雕艺术节,吸引了大批的国内外选手以及游客。

▼ 舟山沙雕

东海故事

湄洲妈祖石像

世世代代的东海人心里，都有着这样一位女神，那就是天后妈祖。千百年来，关于妈祖的信仰已经深入到东海人的血液之中。为了表达他们的崇敬之情，东海一带都修建有妈祖庙，传说中妈祖的故乡湄洲，更是成了万千信徒心中的圣地。

1993年，湄洲妈祖祖庙前修建了一尊妈祖石像，石像高14.35米，慈善仁和的妈祖衣冠华美，眉目清秀，两手握着一支如意，置于右胸前；她的双目注视前方，显得庄严大度，遥望着远方的人们和出海的船只。人们在妈祖石像前祈祷风调雨顺，妈祖已经成为东海渔民的精神支柱。

湄洲妈祖石像坐落在湄洲岛北部的祖庙山上。从山门到传说中妈祖羽化升仙的地方所建立的升天楼，由323级石阶相连，从升天楼再到妈祖石像的石阶又有99级。步步攀登的步伐里，融进去的是善男信女虔诚真挚的信仰，是信民声声真切的祈祷。323级台阶和99级台阶也有着各自的寓意，代表的是"三月廿三"和"九月初九"这两个值得纪念的日子，即妈祖的诞辰之日和升天之日。

凝固的涛声——贝雕

漫步在东海边，倾听着阵阵的海涛声，看着海鸥从海面拍打着翅膀飞过，弯下身去随手捡起一块贝壳，便会被它美丽的纹理和色泽吸引……

贝雕工艺，以沿海地区盛产的贝壳为原材料，经艺人精雕细磨及抛光防腐等处理，制作成精美别致的艺术品和旅游纪念品。贝雕工艺利用贝壳的天然色，其色彩自然且绚丽丰富。贝雕形状多样、质地坚硬细腻，打磨后亮丽光滑，不变质易保管，可塑性强，可以灵活表现花鸟

◀ 湄洲妈祖石像

山水、人物等艺术题材。其体积大小随意，是居家和公共场所的理想装饰品，具有特殊的艺术价值、经济价值、民间民俗文化研究价值。

随便走进一户东海人家里，都会发现一件件美丽的贝雕制品，或者是一幅镶嵌在墙上的贝雕画，或者是摆在客厅里的一个台座，又或者是书房里的一个挂屏。看到这些贝雕，眼前就仿佛出现了翻卷着的海浪、飞翔着的海鸟，以及阵阵的涛声……

贝雕制品最重要的是因材施艺。所谓"材"，即天然的材料，依势取形：有斑痕的贝壳，锯成带疤痕的树木躯干；具有螺丝旋纹的贝壳，切成仕女的发髻；利用江瑶贝、银壳贝，制作树叶；利用海螺、鸡心螺的红色作枫叶……

蓝天碧海，白浪金沙，古铜色的渔家汉子隐现在翻滚的波涛中，渔家姑娘在檐下、树荫里穿梭飞舞，谈笑声穿过千年的涛声直抵心田。这些淳朴善良的渔家男女，有一天忽然拿起了画笔，拿起了雕刻刀，捧起了沙子，选择用真正属于他们、属于东海的方式来把他们的生活变成艺术、变成永恒，让海的气息和艺术的氛围融为一体，创造出大海般鲜活、神话般瑰丽的世界。

日出日落，斗转星移，这些独特的艺术形式代代相传，成为东海为诗人献上的永不消逝、永不退色的瑰宝。

贝雕史话

春秋战国时期，贝壳被普遍制成项链、臂饰、腰饰、服饰等，甚至出现了马饰、车饰。其实，早在远古时期，贝壳就被聪明的人类制作成串链挂在脖子或者手臂上作为装饰。秦汉时期，冶炼技术的提高和普及为贝壳的雕琢开辟了新途径。艺人们利用贝壳的色泽，将一种较平整的贝壳磨成薄片，再雕出简单的鸟兽纹图样，镶嵌在铜器、镜子、屏风和桌椅上做装饰。宋元时期，中国民间的螺钿镶嵌和贝贴等工艺已经十分流行。清朝晚期，杭嘉湖一带，就有把蚌壳等打磨成纽扣，装饰在高档服装上的习俗。

↑ 贝雕

↑ 贝雕

↑ 贝雕

海唱风吟——东海海洋文化

海潮涌动，讲述着海上仙山的动人传说；人海依偎，传递着彼此最真挚的依恋。古老的华夏文化洋溢着大海的气息。汉唐盛世，展现了海洋情怀；宋元风采，再现了沧浪之音；明清小说中，海洋也是文学中不可缺少的风景……胸中海岳笔下飞，这些因海而生的文字和歌谣，记载着时光的流逝与变迁。

上海海派文化

面前是风情万种的黄浦江，周遭是五光十色的霓虹灯，耳边是糯糯的吴侬软语，这就是上海。提到海派文化，仿佛就有老唱机指针划过黑色唱片所流淌出来的歌声为背景，然后是身着旗袍走进小巷最深处的美丽女子；热闹喧哗的舞会散后，人们坐上黄包车，驶进熙熙攘攘的市井深处。

海派文化植根于吴越文化，并融汇了中国其他地域文化的精华，而且还吸纳了一些国外的，主要是西方的文化元素。提到海派文化，当然要说说海派文学。海派的概念是与京派相对的，最初这两个名词是沈从文在20世纪30年代挑起的一场文学争论中提出的。有人认为"海派"指所有活跃在上海的作家派别，包括左翼文学、新感觉派文学、鸳鸯蝴蝶派；也有人认为"海派"，专指鸳鸯蝴蝶派。

鸳鸯蝴蝶派是发端于20世纪初叶上海"十里洋场"的一个文学流派。他们最初热衷的题材是言情小说，写才子佳人"相悦相恋，分拆不开，柳荫花下，像一对蝴蝶，一双鸳鸯"，并因此得名。鸳鸯蝴蝶派中较著名的作者有张恨水、严独鹤、周瘦鹃、徐枕亚、包天笑、陈蝶仙等。他们大都是既编辑又创作，有的还兼翻译。最初的鸳鸯蝴蝶派文学主张趣味第一，主要描写婚姻问题，有的作品反映了一定的社会内容，有一定的积极意义。鸳鸯蝴蝶派以文学的娱乐性、消遣性、趣味性为标志，曾一度轰动文坛。代表作之一徐枕亚的《玉梨魂》，曾创下了再版32次、销量数十万册的纪录。著名作家张恨水的《啼笑姻缘》也曾先后十几次再版。其中最杰出的是"五虎将"与"四大说部"：前者为徐枕亚、包天笑、周瘦鹃、李涵秋、张恨水，后者为《玉梨魂》、《广陵潮》、《江湖奇侠传》、《啼笑姻缘》。

海派文学是新文学的世俗化、商业化。小说注重可读性，迎合大众口味，展示半殖民地大都市上海的生活百态：夜总会、赌场、酒吧、投机家、交际花等。20世纪30年代的代表人物主要是张资平、刘呐鸥、施蛰存、穆时英等，20世纪40年代承言情传统和现代主义探索的新"海派"以苏青和张爱玲为代表。而如今提到海派文学，则不得不提到一个人的名字，王安忆。

王安忆曾这样描述上海："上海是四百年前一个小小的荒凉的渔村，鸦片战争一声枪响，降了白旗，就有几个外国流氓，携了简单的行李，来到芦苇荡的上海滩，呼啸的海风夜夜袭击着他们的苇棚，纤夫们的歌唱伴随着月移星转。然后就有一群为土地抛弃或者抛弃了土地的无家可归的又异想天开的流浪汉来了。"王安忆的海派作品，不是张爱玲加苏青式的世故讥诮，不是鸳鸯蝴蝶派式的罗愁织恨，也不是新感觉派式的艳异摩登，它重启了人们对上海的记忆。她在作品《长恨歌》中描写了上海一个弄堂里的女子王琦瑶普通又传奇的一生。她是典型的上海女儿，在属于上海的废墟里，在上海的夜夜笙歌中，袅袅

⬆ 鸳鸯蝴蝶派作品《广陵潮》

⬆ 鸳鸯蝴蝶派20世纪初刊物《礼拜六》

↑ 上海多伦现代美术馆

↑ 汉源书店

娜娜地浮出又袅袅娜娜地隐去。《长恨歌》里有的是似女人小性子般潮黏的梅雨季风，有的是似肌肤之亲般性感的挨挤的上海弄堂，有的是带着阴沉气息如云似雾般虚张声势的乱套流言，也有处于嘈杂混淆中如花蕾一样纯洁娇嫩的闺阁，盛载的都是不可为人知的心事；还有把城市的真谛都透彻领悟的自由群鸽，它们在密匝的屋顶盘旋，带着劫后余生的目光哀怨地看着这一片城市废墟。王安忆在小说中展现的是一幕幕平淡无奇的私人生活场景，回避了以往感伤传奇的叙事结构，被哥伦比亚大学的王德威教授称誉为"海派作家，又见传人"。

上海浦东新区

海客乘天风——李白《估客乐》

海客乘天风,将船远行役。
譬如云中鸟,一去无踪迹。

——《估客乐》

提到李白,我们想起的是什么?是以青山为笔,绿水为墨,美酒为魂,写尽大好河山的壮志豪情?是"天子呼来不上船"让贵妃捧酒力士脱靴的不畏权势?是"笔落惊风雨,诗成泣鬼神"的傲视才华?抑或是"我醉欲眠卿且去,明朝有意抱琴来"的天真率直?在那个群星灿烂的盛唐,李白仿佛是最耀眼的一颗明星,点缀着盛唐的天空,给后人留下了无数俊逸飞扬、雄浑壮美的诗歌。阅读这些诗歌我们不难发现,李白一生放荡不羁,爱山爱水,足迹遍布祖国的大江南北。对东海,李白更是情有独钟,被她的浪漫自由、奔腾壮阔所吸引,写下了不少与东海有关的诗歌。阅读这些诗歌时,我们的脑海中仿佛能够响起海浪的鼓荡之声、海鸥的低鸣之声、惊涛的拍岸之声,仿佛与他一起畅游、出入在东海的碧波万顷中。

李白(701—762),字太白,号青莲居士。唐代最伟大的浪漫主义诗人,有"诗仙"之称,与杜甫并称为"李杜"。

李白的《估客乐》,除了表现出大海的雄浑壮阔,还从侧面反映了唐代商业社会的状况:唐朝时,商业贸易活跃,一些商人为了追求利益远离家乡,水上贸易发达。"海客乘天风",时至今日,东海海边还有很多人过着这样的生活,出海贸易或者出海捕鱼,出入于东海的万顷碧波。

纵观李白的一生,我们发现其实他就是一位泛舟海上的"海客",在滚滚海洋里吟唱着"大鹏一日同风起,扶摇直上九万里"。他和诗中的"海客"一样,乘着天风,驾船远游,譬如云中客,一去无踪迹……

别样柳永

说到柳永,首先映入脑海里的恐怕是"风花雪月"四个字。他在宋词中的地位极少有人能及,当时有人形容道:有井水处,即有唱柳永词。自北宋仁宗到南宋高宗上百年间,清明节吊柳永之俗风行。曾敏行《独醒杂志》记载:"远近之人,每遇清明节,多载酒肴饮于墓侧,谓之吊柳会。"……

在柳永的诗词中,"今宵酒醒何处?杨柳岸,晓风残月"、"渐霜风凄紧,关河冷落,残照当楼"等佳句,至今尚为绝唱。"忍把浮名,换了浅斟低唱"的柳永,在人们的印象里总在歌咏着缠绵的声色。他生性风流,出入歌楼舞榭,然而却留给了后人一首风格迥异的《煮海歌》,让我们看到这位风流才子鲜为人知的另一面。

煮海歌

煮海之民何所营,妇无蚕织夫无耕。衣食之源太寥落,牢盆煮就汝输征。
年年春夏潮盈浦,潮退刮泥成岛屿。风干日曝咸味加,始灌潮波增成卤。
卤浓咸淡未得闲,采樵深入无穷山。豹踪虎迹不敢避,朝阳出去夕阳还。
船载肩擎未遑歇,投入巨灶炎炎热。晨烧暮烁堆积高,才得波涛变成雪。
自从潴卤至飞霜,无非假贷充糇粮。秤入官中得微直,一缗往往十缗偿。
周而复始无休息,官租未了私租逼。驱妻逐子课工程,虽作人形俱菜色。
鬻海之民何苦门,安得母富子不贫。本朝一物不失所,愿广皇仁到海滨。
甲兵净洗征输辍,君有余财罢盐铁。太平相业尔惟盐,化作夏商周时节。

公元1049年，一个不明不白的惩罚使柳永被贬到东海之域。他离开了繁华的京都，成为一名盐场总监。古老的盐场，潮水退去后的海涂上，一片片的盐花在盛夏午后日光的晒照下白得耀眼。盐民头顶的是炎炎烈日，连脚下踩着的泥涂也在腾腾地冒着暑气。"自从潴卤至飞霜，无非假货充糇粮"，"周而复始无休息，官租未了私租逼"。面对着衣不

⬆ 海盐

蔽体、面露菜色的盐民，作为一个文人、士大夫，他的恻隐心、他的责任感让他无法对这一切置若罔闻。伴着对孤寂失落的贬谪生活的感叹，诗人用悲怆激昂的情怀写出了这首大气磅礴的七言诗篇——《煮海歌》。

《煮海歌》让我们看到了一个挺身而出为民请命的柳永。都说"文如其人"，从这首诗中，我们也可以看到，表面风流倜傥的柳永，依然有一颗"先天下之忧而忧"的心。

千娇万态百媚生——东海戏剧和舞蹈

傍晚的天空下,波光粼粼的大海边,辛劳了一天的东海男儿收起了渔网,辛劳了一天的东海女子走出了家门,他们围在闪烁的篝火旁,唱起了歌儿跳起了舞……以东海的广阔天地为舞台,以阵阵的海浪声为节拍,以海鸥的低鸣声为伴奏,舞出了对东海的依恋和热爱,唱出了对东海的仰慕和爱戴……

越剧和昆曲

雄浑壮阔的东海,不仅孕育出豪情万丈的诗篇,还培养了清新雅丽的小曲。唯美典雅的越剧,格调高雅的昆曲,这些仿佛沾染了水的灵气的戏剧种类,却同样是戏剧百花园里清香美丽的花朵。

越剧也称"绍兴戏",清末起源于浙江嵊州(即古越国所在地),由当地民间歌曲发展而成,发祥于上海和杭州,在发展中汲取了昆曲、话剧、绍剧等特色剧种之大成。1925年9月17日,上海《申报》演出广告中首次用"越剧"称之。自1938年开始,多数戏班、剧团称"越剧";新中国成立后,才统一称"越剧"。越剧是中国五大戏曲剧种之一,长于抒情,以唱为主,声音优美动听,表演真切动人、唯美典雅,极具江南灵秀之气;以"才子佳人"题材的戏为主,艺术流派纷呈;主要流行于上海、浙江、江苏、福建等江南地区以及北方一些地区。

昆曲因为形成于上海昆山一带而得名,起源于元朝末年,至今已有600多年的历史。昆曲行腔优美,以缠绵婉转、柔曼悠远见长。在演唱技巧上注重声音的控制、节奏速度的顿挫疾徐和咬字吐音的讲究,场面伴奏乐曲齐全。昆曲以鼓、板控制演唱节奏,以曲笛、三弦等为主要伴奏乐器,主要以中州官话为唱说语言。昆曲在2001年被联合国教科文组织列为"人类口述和非物质遗产代表作"。

昆曲和越剧,让我们看到的,是东海雄浑壮阔背后的温婉多情,是东海人情感细腻的另一面。这两朵美丽的艺术之花,摇曳在东海边,摇曳在东海的艺术花园里,让整片蔚蓝的东海都因为它们的存在而变得柔和起来……

青春版《牡丹亭》由著名小说家白先勇改编,如此改编的初衷就是要让高雅文化进入校

《牡丹亭》

《西厢记》

园,创造能够雅俗共赏的经典。青春版《牡丹亭》全部由年轻演员出演,符合剧中人物年龄形象。在不改变汤显祖原著浪漫的前提下,白先勇将新版本的《牡丹亭》提炼得更加精简和富有趣味,符合年轻人的欣赏习惯。

白先勇和戏曲界的同仁,认真琢磨剧本,把55折的原本撮其精华删减成27折,在过去偏重杜丽娘的表演的情况下,加强柳梦梅的角色,转为生旦并重,并把它变成一部歌颂青春歌颂爱情的戏剧,紧扣一个"情"字。改编后的昆曲《牡丹亭》分为三部分:"梦中情"、"人鬼情"和"人间情"。

青春版《牡丹亭》深受年轻人的喜爱,整场演出色调淡雅,具有浓郁的中国泼墨山水画的风格。"青春版《牡丹亭》使昆曲的观众人群年龄下降了30岁,打破了年轻人很难接受传统戏剧的习惯,提高了年轻人的审美情操及艺术品位。"

舟山木偶戏

三两艺人,一副扁担,便可走街闯巷;一块花布,两张方桌,便可撑起一个绝妙的舞台;一双巧手,一张能嘴,便能指挥千军万马;锣鼓一敲,手脚并用,便能讲述万千故事……

木偶戏之所以能在舟山一带衍生并发展壮大,和它自身的特点密切相关。木偶戏道具简单,演出方便,无论是在渔民捕鱼归来的渡口码头,还是在渔户家的堂前檐下,甚至在不到三尺宽的渡船上,木偶戏的艺人都能在不到一袋烟的功夫搭好戏台,然后从包里拿出演出道具,一个个制作虽算不上精美但形态逼真的木偶展现在人们面前。然后便是演出,无论是千军万马的

⬆ 布袋木偶

《三国演义》，还是生动有趣的《三打白骨精》，抑或是孩童百听不厌的现代戏《英雄小八路》，开演前锣鼓一敲，便人头攒动，把个小小的舞台围得水泄不通。木偶艺人凭借着精湛的技艺，做出开扇、换衣、舞剑、搏杀、跃窗等高难动作，令人叫绝，仿佛有三头六臂般，这边敲打锣钹，那边手脚并用将木偶舞弄得令人眼花缭乱；同时还要根据生、旦、净、丑不同角色唱出、说出不同腔调，欢笑声伴着海风声常常能飘到很远很远的地方……

　　木偶戏流传于舟山已经有150余年的历史，开始人们演木偶戏，有时是为了驱邪避凶，解厄消灾，有时是为了招财求福。在舟山老一辈人的心里，木偶戏这一艺术形式可以实现与神的对话，乞求神灵的赐福和保佑。

⬆ 提线木偶

⬆ 木偶剧《真假孙悟空》

⬆ 木偶剧表演

　　根据木偶形体和操纵方式的不同，木偶可分为布袋木偶、提线木偶、杖头木偶和铁线木偶四类，每一种木偶都有自己独特的艺术特点和演出特点。

　　布袋木偶又叫作"掌中木偶"。偶高尺余，由头、中肢和服装组成。这种木偶演出简便，一条扁担倚壁撑起小型木框架作为舞台，围布做场，两人在布围里以双手作弄木偶，并击锣鼓、道白和伴唱。布袋木偶剧剧目十分丰富，题材众多。

　　提线木偶古称"悬丝傀儡"。这种木偶形象结构完整，制作精美，尤其是木偶头的雕刻、粉彩工艺独具匠心。提线木偶的线一般为16条，更有一些达到了30条，线条繁多，操纵复杂，与别的木偶剧相比，技巧表演难度最大。

　　杖头木偶是一种大型木偶，从8寸到一般人高不等。杖头木偶由表演者操纵一根命杆（与头相连）和两根手杆（与手相连）进行表演。它内部虚空，眼嘴可以活动，又被称为"举偶"。杖头木偶以演唱古代的历史题材、历史故事、历史人物为主。

　　铁线木偶戏因操纵木偶的操纵杆是铁线而得名，亦称铁线戏。木偶头部用泥土雕塑，躯干四肢以木刻制，手指用纸扎铁线做成。铁线木偶的双手表演特别灵活，能开扇、摇扇、撑伞、弄瓮、射箭、舞剑、打虎、拿书、写字、斟酒、烧香、点烛等，动作优美细致，为群众所喜闻乐见。

　　流传于舟山一带的木偶戏，有很多与东海有关的演出剧目，这些剧目带着浓郁的海风气息，艺人在舞台上用双手演绎出东海的辽阔壮美，演绎出东海里形形色色的故事，深受东海人的喜爱。

↑ 宁波甬剧表演

↑ 宁波甬剧《宁波大哥》

宁波"甬剧"

　　宁波城里走一圈，相信每个人都会被这个城市所弥漫的甬剧氛围所感染。无论是清晨的公园，还是傍晚的巷口，总能看到三五成群的甬剧爱好者，一桌一椅，三两乐器，便表演起甬剧。这其中，既有深受传统文化熏陶的老一辈文化人，也有朝九晚五的职场男女，对甬剧这一传统艺术的共同热爱把他们汇聚在了一起。

　　甬剧用宁波方言演唱，属于唱说弹簧声腔。甬剧音乐曲调丰富，约有90种。主要有从农村田头山歌等演化而来的"基本调"，从宁波乱弹班中带来的"月调"、"三五七"、"快二簧"、"慢二簧"及四明南词和一些地方小调。甬剧基本调（也称老调）主要用于塑造人物，表现人物较复杂的思想感情，叙述故事情节。小调则用来作为情节片段之间的穿插。

　　甬剧既可登大雅之堂，又可在乡间田野演出。在乡村，有戏的日子，就像盛大的节日，锣鼓一响，万人空巷。简易的戏台上，草台班子演绎着千百年来的悲欢离合。男演员戴个瓜皮帽，长衫马褂，女演员大襟衣裳，头饰简单，用地道的方言对唱，通俗易懂。村民在台下听得津津有味。也有制作精美的甬剧，如《典妻》。

　　甬剧《典妻》根据宁波籍作家柔石先生的小说《为奴隶的母亲》改编创作。民国初年，浙东农村的一户贫苦人家，丈夫谋生计屡屡受挫，并染上赌博酗酒的恶习，幼子春宝又久病不愈，穷困逼迫之下，丈夫以100块大洋将妻子出典三年。妻子泪别病儿和丈夫，委屈地走出旧家，迈入新家门槛。新家的主人是个年长的秀才，因为秀才娘子多年不育，又不允许丈夫纳妾，所以典妻借腹传宗接代。新家是富裕的，秀才对妻也似乎不坏，可妻还是惦记着旧家，惦记着儿子。一年后，随着妻和秀才的儿子秋宝的降临，妻也似乎渐渐融进了新家。秀才甚至信誓旦旦地许诺妻，要在三年期满后正式纳她为妾。秋宝的百日庆典，亲夫突然来了，这下又唤

↑ 甬剧《典妻》剧照

醒了妻对春宝和旧家的怀念。尤其是秀才夫妇竟当面诬陷妻的亲夫偷窃，并且还无情地辱骂和羞辱妻的时候，妻终于明白了自己的实际地位，她对秀才的一丝幻想随之破灭了。期满回家的日子，妻竟不能和秋宝再见一面，妻的心又将要不由自主地留在这个伤心而又屈辱的"家"。妻的归家之路是这样的漫长，一颗母亲的心被掰成了两半，她只能再次幻想着：亲夫能够改掉恶习，重新振作；春宝的病能够治好，健康活着；一家三口的亲情团聚……可是，当妻终于跨进自家门槛的时候，她的儿子春宝已经病得奄奄一息……

如泣如诉的流水声、苔迹斑驳的石板路、斗笠、花轿、宁式大床……民俗风貌逼真地展现在舞台上；灯光、舞美，虚实结合，如真如幻。那经过改良的唱腔有些时尚，但仍有很厚重的甬剧韵味，婉转动听，丰沛有力。

甬剧从田头山歌到扎根于上海滩的一大剧种，前辈付出了艰辛的劳动。在文化生活多元化的今天，我们有责任整理、创作更多的新戏和更多样的艺术表现形式，让城乡更多的戏迷得到愉悦，让甬剧得到更进一步的发展。

↓ 甬剧《典妻》剧照

西台鱼灯

清光绪六年的《玉环厅志·风俗篇》，有一段春节期间关于玉环民间灯舞活动的记载："制禽兽鳞鱼花灯入人家串演戏阵。笙歌达旦，环观如堵。"这"鳞鱼花灯"指的就是鱼灯。每逢春节，玉环岛上鼓乐喧天，鱼跃龙腾，显示出一派歌舞升平的节日气象，一派欢乐祥和的渔村生活图景。

东海人之所以发展出鱼灯这种艺术，和东海人对鱼的崇拜是分不开的。海岛人世世代代捕鱼、食鱼、晒鱼、卖鱼，所以也会娱鱼、祭鱼。海岛人有句俗语，说世界上若有1000件东西，海岛人就用一件东西——海鱼去换取其他的999件，由此可见鱼对海岛人的影响之大。

鱼灯舞这种习俗最早可追溯到海岛人早期的图腾崇拜，起源于对海龙的敬畏、崇拜以及对获得丰收的祈愿。当然，随着时代的发展和社会的进步，这种意识已经渐渐淡化，鱼灯舞更多的是用来表现"年年有余"、"吉庆有余"的喜悦，表达海岛人对新生活的憧憬和期望。

多才多艺能歌善舞的东海人，既有"阳春白雪"的高雅，又有"下里巴人"的亲切。聆听着温婉动人的戏曲，观看着热闹非凡的鱼灯舞，我们仿佛走进了历史和文化的最深处……

西台鱼灯

↑ 鱼灯舞

↑ 鱼灯舞

雅俗共赏的东海文化歌谣

海上仙山的美丽传说，神秘莫测；诗词歌赋的沧浪之音，慷慨激昂；追风逐浪的海洋小说，妙趣横生；精雕细琢的海洋雕刻，雄伟壮观；热情洋溢的海洋歌舞，雅俗共赏；朴实率真的海洋绘画，栩栩如生……当然，东海给予我们的并不仅仅是这些。波涛涌动，海鸥声声，东海人凭借自己的聪明才智，以东海为舞台，为人们奉献了一场场丰富盛大的宴会。

想象着在繁星点点的夏夜，抑或是在彩霞满天的傍晚，年幼的孩子依偎在祖母的怀里，听她讲述着那些古老的传说；或是漫步在田间小径，抑或踏上一条渔船，聆听着船上纤夫唱响的号子，田间的女儿吟起的情歌，东海处处弥漫着祥和美好的氛围；还有那挑着扁担在乡村穿行的民间艺人，抑或坐在巷口三五成群的渔民画家……他们为东海文化的繁荣发展奏响了一曲曲走向新时代的交响乐章。

舟山渔民号子

在众多的海洋音乐中，渔民号子无疑是最贴近海洋生活的音乐类型，是渔民在集体下网、捕鱼、入舱等劳作过程中传唱所形成的，这其中以舟山渔民号子最具代表性。舟山渔民号子按照捕鱼工序可分为《起锚号子》、《拔篷号子》、《摇橹号子》、《打水鬃号子》、《起网号子》、《挑仓号子》、《抬网号子》、《拔船号子》等，又因不同的劳动节奏、劳动强度和音调风格等方面而形成差异。

东海民间彩灯

东海舟山，各岛屿于农历七月十五的"鬼节"，设坛打醮放烟火，祭祀结束之后空中放天灯，海上放水灯，敬送神灵，以保佑海洋捕捞平安。

水灯，犹如海上海蜇发光，因此又被叫作"海蜇灯"。水灯为扁圆状，用竹篾做成，白纸糊，上面开口，下面固定在木板上，中间插上蜡烛用来照明。舟山水灯通常用稻草扎成浮盘，上点各色灯，任潮水漂流。

天灯又称"孔明灯"，灯高1米左右，稍呈长方体；用铁丝作圈，外糊白纸，底部留孔以燃火，灯芯用菜油浸草纸晾干捻成索状，放飞时点燃，可升至百米左右高，随风飘动，恰似流星。此灯传说是三国时诸葛亮在一次战争中使用，因此被称为"孔明灯"。

如今，每逢盛大节日也会开展这种活动，水灯、天灯在东海上下相互交辉，别有一番情趣。

东海

那些辉煌灿烂

EAST CHINA SEA GLORIES

04

古老灿烂的中华文明，不仅从陆地上萌生，更是可以从万顷碧波的海洋中发展。晨光熹微时，千百条船只满载着货物从这里拔锚起航；夜色微澜时，胸怀壮志的人们从海天交会处纷纷返航归来。旭日东升，龙啸四方，带着古老文明香气的茶叶从这里运出，工业的近代化在这片海域揭开了新的篇章，一代代名商从这里起步在历史上留下声望……拨开浓厚的海风和沉甸甸的历史，浩渺的海面上依稀仍航行着当年的船只，承载着一个民族的文明和希望……

古汉语的活化石——客家语

悠悠中华，地大物博，三里不同俗，五里不同音，如此造就了中华大地上各种方言并存。尽管它们被使用的范围正慢慢缩小，可这并不影响它们自身的光彩。在这语言花园里，客家话便是其中一支娇艳欲滴的花朵，是我们认识和研究古汉语的一扇窗口，让我们见识到中华语言的博大精深。

如今的客家话，在不同的艺术形式中都有体现。客家人用属于自己的独特语言构建着自己的精神世界，倾诉着自己对生命的诠释和理解，歌唱着对未来的憧憬和希冀。让我们沿着如今客家话的点点滴滴，追本溯源地找到属于它的独特历史。有人认为，客家人最早是随着古代几次战争和时局动荡时期的移民潮，从华北迁移到华南的。他们的祖先是从现在的河南省和山西省迁移过来的，同时也带来了他们当时所在地的语言特色。客家语是在迁移的过程中不断吸收新的文化新的语言，取长补短而形成和壮大起来的。

南宋时期，客家话已成形，其语音在继承古汉语的基础上发生了有规律的音变，正是这些音变成就了客家话独一无二的语言特色。在太平天国时期，客家话还被正式定为官话，这些举措都大大促进了客家话的流传和发展。

然而到了现代，根据一些资料的调查显示，客家语被认为是地球上衰落最快的语言，面临许多危机，甚至有消失的可能。在中国大陆，客家语的使用情况不容乐观。由于各地区文化经济交流的增加，人们广泛使用普通话，传统客家地区一般也不再使用客家语授课，年轻一代自小接受普通话教育。同时，由于电视媒体的普及，客家语又极少用于新闻传媒和大众娱乐，年轻一代客家人已经很少使用客家语，以口头方式流传的传统的客家童谣现时已经极

客家人

客家人

少人能完整诵唱。另一方面，在珠江三角洲地区以"方言岛"形式存在的客家语同时受普通话和相对强势的粤语影响，部分客家人家庭生活用语转向普通话或粤语。

作为中国语言文化的一股支流，被称为"古汉语活化石"的客家话的现状引起了人们的焦虑和关注。一种语言文化一旦消亡，将会带来不可逆转的损失。为此，群众和政府纷纷行动起来，为保护客家话采取了相应的措施。自21世纪初开始，客家民众对自身所讲的客家话有了一定的认识，保护母语的意识开始觉醒。相同的语言是人们沟通和交流的重要途径，尤其是对于身处异乡他国的人来说，能听到熟悉的乡音是很幸福的事情，这也是客家话的一个尤为重要和特殊的作用。客家话最独特的一点，是联结了各省乃至全球各华人地区客家人的民系认同。

↑ 客都梅州古民居之泰安楼

语言使我们能够知千年之事，观四海风云；使我们能够在与他人交流时吐纳珠玉之声，抒发感情时挥洒精美之词；使我们能够自由地判天地之美，析万物之理；使我们的生命能够焕发出绚丽的光彩，磅礴于宇宙广阔的时空。客家话，给语言增添了无穷的情趣和美妙，如同东海翻滚着的浪花，翻滚出无尽的风采和魅力……

↓ 梅州客家小镇

海客乘天风

自古以来,无数商人驾驶商船扬帆起航,在海上走出了一条条商路,载回了一箱箱货物,创造了一批批财富。"海客乘天风,行船将远役",他们航行在家乡亲人殷殷的期盼里,航行在万丈碧波涛涛巨浪里,航行在斜阳照射着的安详的海面上……

浙东海商集团

受东海养育的浙东一带,自古便是名商辈出之地,是经济发展的中坚力量。而舟山群岛更是浙东和长江流域的出海门户,是与日本、朝鲜半岛诸国进行海上贸易往来的重要商埠。嘉靖年间,浙东一带海商应势而生,并形成了一定的规模,扬起风帆,驰骋在东海的海面上。

在投入海洋怀抱进行海上贸易的浙东海商中,有些人是从对内贸易转成了对外贸易;有些人是受官府欺凌冤屈难申而选择了出海经商;也有一些人因为生活穷困,苦于役赋,困于饥寒穷苦而出海求生。在这个时候,海洋以其俊美的身姿吸引着他们,以其博大的胸怀接纳着他们,以其丰富的资源滋哺着他们,让他们在多舛的命运里重新迎来了生命的曙光。

宁波港

↑ 宁波商帮虞洽卿故居

↑ 宁波商帮虞洽卿故居

许氏海商

许氏海商集团是浙东海商集团中成立较早的海商集团,由许家四个兄弟组成。他们都是徽州府歙县人。在明代,徽州府是商业资本汇聚之地。他们不仅活跃于国内市场,而且经营着海外贸易,在中国历史上曾经显赫一时。

关于许氏海商的形成和发展壮大过程,历史上有着许多记载。在那个政府严禁海上贸易的时代,许氏海商历经各种波折。许氏兄弟中的许二、许四两人为了扩大势力,"计令伙伴于直隶、苏松等处地方诱人置货,往市双屿。许二、许四阴呲番人伦强,阳则安慰"。许氏海商的势力通过种种途径大大增强,此后更有海盗商人林剪的加入,同时还有另一徽州商人王直"招亡命千人逃入海,推许二为师"。至此,以许二为首的海商集团得以形成,成为当时名震一时的海上霸王。他们出入在东海的碧波中,不畏风高浪急,进行着一次又一次的海上贸易,成为当时海上贸易的先驱者。

然而,许氏海商并没能长期在历史的舞台上活跃,他们的活动给朝廷造成很大的打击和威胁。为了消灭许氏海商集团,嘉靖二十七年,浙江巡抚朱纨调兵遣将进行围剿,经过激烈的战斗,明朝军队"破其巢穴,焚其舟舰,擒杀殆半",许氏兄弟惨遭失败,许二、许四逃往南洋……

许氏集团的溃败并未阻挡住海商这个新兴商人团体的发展和壮大,浙东海商依旧在茁壮发展着,此后规模更大、人数更多、资本更加雄厚的海商团体如雨后春笋般涌现出来……

宁波商帮

商业发达的明清时期,名商辈出的浙江省,除了浙东海商这样的团体之外,还涌现出其他众多的商业团体,其中宁波商帮尤为引人注目。德国著名地质学家利希霍在100多年前曾对中国进行了7次考察。1861年,他沿着杭州湾曲折优美的海岸线,走遍了浙东沿海。他发现这个省份虽然拥有名誉天下的西湖美景,拥有全世界只有巴西亚马孙河涌潮才可与之相媲美的钱塘江大潮,却没有什么矿产资源,而地处浙东的宁波更是如此。因为在这儿,不要说是矿产,连最基本的土地资源都相当稀少贫瘠。然而,就是在这样一片土地上,宁波商人凭借着海洋文明带来的聪慧头脑和开阔心胸,凭借着东海的馈赠,凭借着自己的勤劳与奋斗,在浙东这块土地上书写了一个又一个的传奇故事。民谚说:"无宁不成市,阿拉宁波人做生意头子活络,不管是千里路,不管是万里远,只要有市面,都有宁波人。"

↑ 宁波帮博物馆

早在唐宋时期,宁波人向外拓展的目光已经转向中国漫长的海岸线。假舟楫之利的宁波商人,开始与日本、高丽、东南亚沿海国家有了贸易往来。三江汇流的宁波,是中国最早开放的贸易口岸之一。开放带来的商业文明,使宁波人拥有了一种闯荡天下的勃勃雄心。耸立在宁波江滨老码头上的雕塑,成了这座城市某段历史的注脚。它所表现的,正是印记在一代代老宁波记忆里最常见的情景。明末清初,宁波商帮已经形成了一定的规模。这时候的宁波商帮以中小商人为主体,经营行业主要是海产品、成衣业等,活动区域主要在长江下游地区、浙江和福建沿海地区以及北京、上海等大都市。

清康熙年间开放海禁之后,宁波埠际贸易迅速发展,也使得宁波商帮势力不断增强,一大批新一代宁波商人脱颖而出。他们善于学习并掌握西洋人先进的经营管理技能,充分发挥自身优势,把商业和金融业紧密结合,从而使得"宁波帮"以新兴的近代商人群体的姿态跻身于全国著名商帮之列。

从小闻惯了海风腥味的宁波人,带着商人的精明开阔却不失书生的道德操守,完成了从传统商业到现代商业的转型,真正在中国近代的经济舞台上脱颖而出,成为中国经济的一面旗帜。

"海客"的海洋文化情结

手足同胞的桑梓之谊，海上历练的豪迈之气，乘风破浪的英雄之勇，异国他乡的思念之情……漂泊在东海上的"海客"，在这一片汪洋之上，陶冶出的是融汇在他们灵魂与血液中的海洋文化情结……

对昼夜驰骋在海洋上的"海客"来说，大海便是他们的精神归属，是他们的故乡。在碧波万顷的海洋之中出出入入力争上游，在风雨交加的天空之下颠颠簸簸勇立潮头，沧海横渡，风雨同舟……浙东海商和宁波商帮在东海上进行的是贸易，也是精神和希望，传递出那一抹华夏民族蔚蓝的海洋梦想……

浙东海商，宁波商帮，他们不仅是经济群体，从某种意义上，他们更是传播中国特有的海洋文化精神的文化群体。在东海的画卷上，他们用自己的白帆和桅杆描绘出了独特的海洋风景画，在东海海面上上演了一出出兴衰荣辱的传奇……

↓ 宁波帮博物馆

海上丝路

千百年前，曾有一条道路如同蜿蜒美丽的丝带，历经高山和沙漠，传递着一个国家的文明和友好，我们把它称为"丝绸之路"。殊不知，在东海蔚蓝的怀抱里，也有着这样一条曲折辉煌的海上丝绸之路，它如同傍晚天边的一抹晚霞，更像是随手画下的一抹墨印。时至今日，似乎还能依稀打量到它当年的踪迹……

"海上丝路"

打量着西汉时期的疆域，用目光在地图上追随着汉代使臣的海上航线，从越南、柬埔寨、泰国、缅甸到达孟加拉湾，再由印度东海岸经斯里兰卡回航……拨开腥咸浓厚的海风，我们似乎还可以看到身穿汉服的使者，用航船在海上划出了丝绸之路的涟漪。翻到宋时期的版图。经济重心南移之后，海外贸易得到进一步发展，宋朝商人的翩翩衣衫被印度、罗马、东南亚、东非等50多个国家的海风轻轻拂过，同样也有东海的海风迎接着五湖四海的宾客。

15世纪初，郑和下西洋，海上丝绸之路的发展达到了鼎盛时期。云帆高张，昼夜星驰，这支船队的足迹遍及亚非30多个国家和地区，标志着中国的造船技术和航海能力发展到了人类历史的巅峰，同时也将海上丝绸之路推向了鼎盛。庞大的船队，满载着各国人民喜爱的彩帛、纱罗、绫绢、锦绮，五光十色，华丽异常。明代后期，西方人航海东

来，中国与欧洲直接接触的时代到来。"东学西渐"与"西学东渐"成为一股不可抗拒的历史潮流，海上丝绸之路异彩纷呈，成为一条连接亚、非、欧、美各洲的海上大动脉。

泉州——海上丝绸之路的起点

福建省东南部的泉州，拥有长达421千米的海岸线，水深域宽，适合各种大船停靠，是一个天然的良港。历史上，从泉州港口开出的货船，装载着丝绸和瓷器等物品前往印度洋沿岸，然后进入波斯湾地区，形成了一条连接亚、非、欧的海上大动脉，一派繁华热闹。千年之前，一艘艘巨轮满载丝绸和瓷器等商品从这里起航，在带回数以万计白银的同时也带来了灿烂辉煌的海洋文化。作为海上丝绸之路的起点，泉州是那段历史的一个伟岸的丰碑，以至于每次提到海上丝绸之路，人们的脑海中就会浮现出泉州大港热闹繁华的景象。

◆ 泉州港

"州南有海浩无穷,每岁造舟通异域。"早在公元6世纪的南朝,泉州与南海诸国就有交通往来。中原汉人向泉州的迁移,促进了先进生产工具和造船技术的传播,使泉州与海外地区的海上交通成为可能。唐代中叶,海上丝绸之路成为丝绸外销的主要途径。宋元全盛时期,泉州港更是一跃成为世界上最大的港口之一。进口的香料、珠宝以及出口的丝绸、瓷器堆积如山,各国的商船以及前来进贡朝廷的诸侯国使者都集中在这个盛大的海港,泉州港呈现出"涨海声中万国商"的繁华景象。意大利旅行家马可·波罗在《马可·波罗游记》中盛赞"刺桐港是世界最大的港口,胡椒出口量乃百倍于亚历山大港";摩洛哥旅行家伊本·白图泰则发出了"刺桐(港)为世界第一大港,余见港中大船百艘,小船无数"的赞叹。北宋末年,官府在泉州设置来远驿,专门接待来华外国使节。一些外国商人聚居在泉州城南一带,形成了"番人巷"。

↑ 拍胸舞

拍胸舞

↑ 古刺桐港出土的宋代沉船

↑ 宋代沉船挖掘现场

　　1974年7月15日，一艘已有700多年历史的宋代古船在古刺桐港出土，当即轰动世界。它是目前中国发现的年代最早、形体最大的木质海船，出土时残长24.2米，残宽9.15米，复原后长34米、宽11米、型深3.27米。船身扁阔，船底尖削，船底板和船舷板分别用2~3层木板叠合制成，船内分13个水密隔舱，可载重200多吨，相当于唐代"陆上丝路"一支700多头骆驼商队的驮运总量。它代表了当时世界上最先进的造船技术水平，是宋元时期泉州作为中国海船制造中心的实物见证。从宋代古船的船舱中，发现了2300多千克的香料、500多枚唐宋古钱、50多件宋瓷和其他珍贵文物。

　　在中华文明漫漫5000年的历史长河中，丝绸之路造就了东西方文化交流的辉煌。泉州这颗镶嵌在东海之畔的明珠，也曾经沐浴在丝绸之路的光辉中，并且至今仍受到惠泽。如今，泉州依靠着得天独厚的地理条件和悠久灿烂的历史沉淀，已经在新时期奏响了前进的号角，扬起了前行的风帆。

东海故事
Stories of East China Sea

东海茶香佑天下

高山云雾，十里变幻，茶园碧绿，滴露沾水。临东海而立，一边是浩渺的烟波翻卷，一边是郁郁葱葱的郴郴茶园。邀三五好友，携一壶清茗，兴起时，激昂文字，畅谈天下事；舒心处，临海而立，看大好河山，闲话家常。人生一悟，将茶饮成了一场宿醉，让人久久沉迷其香不愿醒来……正可谓品茶品人生，茶可以悟道，茶可以雅志，茶可以养性。临东海，海天一色，茶禅一味。

共饮东海一盏茶

盛世多茶人。品茶需佳茗，好山好水出好茶。东海一带，润泽万物，人杰地灵。普陀山顶温带海洋性气候，冬暖夏凉，四季湿润，土地肥沃，林木茂盛，露珠沾润，咸了郁郁茶花，湿了青青茶叶。佳土佳茗，普陀佛茶名扬四海。得天独厚的东海人，因着这大自然的偏爱与厚赐，自然与茶结下了不解之缘。东海人客来茶迎，新朋故知登门拜访，三两小菜可少，一壶清茗难缺。"茶倒七分满，留下三分情"，边品茶边聊人生，沁人心脾，唇齿留香。东海人品茶，或是雨后初晴，或是夜深人静，一个人泡一壶香茗，沸水一注，翠绿氤氲，香气芬芳。在升腾起的水雾中品上一口初春的新茶，此间甘甜，便足以消解掉生活的艰辛与奔波，将一春的心事都赋予了新茶。

谈到东海茶文化，必然会想到郁郁葱葱的万亩茶园、穿梭其间的采茶女以及各式各样精雕细琢的紫砂壶。东海多茶园，武夷山更是有着世界上最大最古老的茶园。每年三月，便是初春时节采茶忙，采茶女在茶园中穿梭，细心地摘采出新茶。"身轻影快面如花，玉手纤纤摘嫩芽。采集春光织锦绣，香飘万里到天涯。""阳春二月风光好，五凤茗乡云缭绕。层峦叠翠碧螺旋，万绿丛中茶女笑。"一首首诗词生动形象地描写了采茶女的生活情景。其实，茶叶的制作有一套复杂的工序，采摘只是其中的第一步。采茶女采摘嫩芽，而后萎凋，让鲜叶丧失水分，再后经过发酵、杀青、揉捻、干燥、精制、加工、包装等一系列环节，才可以生产出茶叶的成品供人们品享。

在采茶女的采摘活动中，自然也盛行了一些采茶歌。这些采茶歌歌词简单，曲调明快，供采茶女在采茶过程中吟唱流传，给茶文化增添了不少别

⬆ 茶道文化

样的情趣。其中，比较有名的当数唐朝宫中歌舞大师雷光华创作的采茶歌：

  天顶哪哩落雨仔呀弹呀雷啰公咿呀
  溪仔底哪哩无水仔呀 鱼啰这个乱呀撞啰啊
  爱着哪哩阿娘仔呀不呀敢啰讲咿呀
  找仔无哪哩媒人仔呀 斗啰这哩牵呀空啰啊
  大只哪哩水牛仔呀细呀条啰索咿呀
  大仔汉哪哩阿娘仔呀 细啰这个汉呀哥啰啊
  大汉哪哩阿娘仔呀不呀识啰宝咿呀
  细仔粒哪哩干乐仔呀 较啰这哩贤呀翔啰啊

东海茶香引客来

茶是中国的国粹和名片。自古至今,中国茶叶影响着世界上许多国家,是许多国家茶文化的摇篮。在英国,饮茶成为生活的一部分,是英国人表现绅士风度的一种礼仪,也是英国女王生活中必不可少的程序和重大社会活动中必需的仪式。起源于中国的日本茶道形成了独特的茶道体系、流派和礼仪。韩国人认为茶文化是韩国民族文化的根,每年5月24日为全国茶日。如今的东海茶叶,更是以其独特的魅力,吸引着世界各国友人前来观摩品尝,与印度、斯里兰卡等茶叶生产国的茶叶一起参加国际茶展,在进行茶叶贸易的同时也传播了东方的茶文化。

一盏清茗在手,难忘普陀洛迦

从来佳茗似麻姑,自古高僧爱斗茶。自古以来,茶和佛教就有着不解之缘。普陀山是佛教名山,山上古刹甚多,僧人大多嗜茶,在山上开辟茶园,用来供佛敬客,因此有"佛茶"之称,是佛文化与茶文化的完美结合。

普陀佛茶制成后,风貌特殊,外形紧细,卷曲呈螺状形,色泽绿润显毫;冲泡后汤色黄绿明亮,芽叶成朵;饮后,顿感香气清爽高雅,滋味鲜美浓郁。为促进普陀佛茶的发展、弘扬茶文化,2006年起举办每年一次的普陀佛茶文化节。每一届普陀佛茶文化节都是一场佛文化与茶文化交融碰撞的盛宴,是诗意与佛法、茶艺与古韵、魅力与美感的奇妙交会。品香茗,观茶园,跳采茶舞,交流茶文化,共商茶产业,畅谈茶经济是每一届文化节的共同项目。

"仙既可以散花,佛亦可以名茶。一盏清茗在手,难忘普陀珞伽。"这首茶诗,写出了"茶禅一味"的无上真谛……

普陀佛茶文化节

曙光耀东海——洋务运动

后期的清王朝，如同一栋老旧腐朽的大楼，风雨飘摇，内外交困；又似一位陷在泥沼之中的老人，步履蹒跚，伤痕累累。列强用罪恶的鸦片和轰隆的枪炮打开了中国的大门，有着5000年文明历史的泱泱古国一时间散发着行将就木的气息……时代呼唤着改革，历史呼唤着改革，此刻华夏儿女若是再不有所作为，国将不国……

1860年后，在中外联合镇压太平天国运动的过程中，清政府中的一批人逐渐认识到了所面临的内忧外患的重大危机。作为封建统治的维护者，尽管他们尚不能从根本体制上改变中国面临的困境，但他们主张学习西方的先进技术，"师夷长技以制夷"，这对当时的社会发展具有一定的进步作用，洋务运动也由此应运而生。

洋务运动的内容很庞杂，涉及军事、政治、经济、教育、外交等，而以"自强"为名，兴办军事工业并围绕军事工业开办其他企业，建立新式武器装备的陆、海军，是其主要内容。其中在上海建立的江南制造总局，就是这场运动的胜利果实之一。

↑ 福州船政局陈季同

江南制造总局

江南制造总局是中国第一个较大的官办军事工厂，1865年由李鸿章在上海创办。全厂2000余人，主要制造枪炮、弹药、水雷等军用品，同时还制造轮船，1867年后开始制造船舰。光绪三十一年（1905年），制造局造船的部门独立，称作江南船坞；辛亥革命后，又改称江南造船所。日军占领上海后，将其场地和机械并入江南造船所。

江南制造总局从各个方面给中国社会带来了深刻的影

↑ 李鸿章

响。除了机械制造之外,江南制造总局另设有语言学校、翻译馆以及工艺学堂,用以介绍西方知识,以及培养语言和科技人才。在1868~1907年间,译书达160种,除以军事科技之外,还涉及地理、经济、政治、历史等方面。其所翻译书籍的水准,被认为超过晚清数十年其他翻译书籍的质量,对于晚清知识分子吸收西方知识产生很大的影响。

"日省月试,不决效于旦夕。增高继长,尤有望于方来。"这句话是江南制造总局建立时的初衷和理想,当时由于政治、经济种种原因未能实现。但新中国成立后,江南造船厂的蓬勃发展,基本上实现了这一理想……时至今日,我们在提起江南制造总局这个名字时仍不乏自豪之情,它仿佛是海面上的灯塔,在那个时代闪烁着鼓舞人心的希望之光,照亮后人不断前行上下求索的路……

福州船政局

东海之畔的福州也曾给洋务运动这段历史描绘过浓墨重彩的一笔,让这幅上下求索的画卷更加生动。福州,因为得天独厚的地理优势,洋务运动时期在此设立了船政局。

"臣愚以为欲防海之而收其利,非整理水师不可;欲整理水师,非设局监造轮船不可。""轮船成则漕政兴,军政举,商民之困纾,海关之税旺,一时之费,数世之利也。"早在洋务运动开始前,左宗棠就高瞻远瞩地上奏指出了发展船政的重要性。显然,他把建设船厂看成富国强兵、得民惠商的要务。

在福州这片土地上,这些有识之士引进先进技术,投入物力财力,克服诸多困难,建立了铁厂和船厂,进行船只的研发和制造……这在中国近代造船史上,有着相当重要的意义。

福州船政局旧址

除了进行船只制造之外,船政局还设立船政学堂,分前、后两堂:前堂学习法文,以培养造船人才为主;后堂学习英文,以培养驾驶人才为主。至此,福州船政局正式形成。

福州船政局里的每一艘船只都凝聚着仁人志士的心血和汗水,每一艘船只都承载着一个民族关于自强和求富的美好梦想。结局虽有所遗憾,然而一个民族一个国家的希望与未来,还是能从这些星星之火里透出别样的光彩。

↑ 中国船政文化博物馆

自强求富的呐喊没能阻挡住一个腐朽王朝的没落,先进的技术无法掩盖一种制度的弊端,军舰船只的生产也未能抵御侵略者的坚船利炮,海面上依旧响起了轰轰的炮声,华夏的土地上依旧是一片饿殍遍地的凄惨景象……洋务运动失败了,留给历史一个萧索的背影,然而它在那个时代所撞击出的声响,至今仍在华夏儿女的心底回荡……

↑ 洋务运动留下的火炮

浦东新区

曾经的风波诡谲，曾经的战火硝烟，终究会在历史的长河里慢慢地消散和远去。东海静默无语，在夕阳下默然注视着这世事变迁，那如火如荼的英雄豪情，那五光十色的历史画卷，那悲壮豪迈的壮志凌云，都已被东海铭刻在心底。如今的东海畔，一座座高楼大厦毗邻而立，一盏盏霓虹灯光彩照人，一个叫作浦东新区的地方在这里展开了建设，也展开了关于东海美好未来的希望图景……

20世纪80年代，"宁要浦西一张床，不要浦东一间房"是大家对上海的看法。黄浦江把上海分成了两个世界：浦西就是上海，浦东当时只是从外滩远眺的一片农田菜地。然而，谁曾想到，短短30余年的时间，这片曾经的农田菜地发生了令人叹为观止的变化：一架架纵横交错的立交桥，一栋栋高耸入云的高楼大厦，一盏盏流光溢彩的霓虹灯，一家家实力雄厚的企业公司，让这片土地顿时变得如宝石明珠一般散发着夺目的光泽。

浦东的发展，要从1990年4月18日，党中央、国务院宣布浦东开发开放说起。那一年"开发浦东，振兴上海，服务全国，面向世界"的方针被提了出来，这一方针的提出标志着浦东开发开放从20世纪80年代的上海地方战略构想，上升为20世纪90年代的国家重大发展战略，标志着中国改革开放进入一个新的阶段。

那之后的浦东，以日新月异的速度发展着，从城市建设到交通运输，从经济发展到社会事业，从民生保障到生态环境，从城市面貌到文化艺术，无不是中国城市中的佼佼者和领头人。

日新月异的浦东新区

1990～1995年五年间，浦东新区完成了杨浦大桥、南浦大桥、内环线、外高桥电厂、凌桥水厂等十大基础设施工程的建设，连接浦西、"东西联动"，极大地改善了投资环境和城市面貌。1996～2000年，浦东新区城市基础设施投资600多亿元，建设浦东国际机场、浦东国际信息港、浦东深水港一期工程、地铁二号线一期工程、外高桥电厂二期工程、外环线、给排水工程、黄浦江越江隧道工程、东海天然气工程。这些重大工程，到20世纪末基本完成，构筑了现代化新城区的框架。特别是1999年，浦东国际机场通航，地铁二号线全线贯通，"地下长龙"连接黄浦江两岸，构成了一幅"上天入地"、比翼齐飞的壮丽景象。

夜晚的浦东新区

1999年起,浦东投入巨资,拉开了整治浦东河道的序幕。张家浜西起黄浦江、东至长江口,全长23.5千米,是横贯整个浦东的骨干河流。西头连着黄浦江的繁华光影,东边展现着田野牧歌式的自然风景。张家浜整治工程总投资达6.17亿元。从1999年11月开工,至2002年5月全线整治完工,使昔日臭水浜变成清水河。联合国副秘书长、联合国环境规划署署长托普弗先生称赞其为"城市规划的典范"。

除了城市建设方面的卓越成就,浦东新区的经济发展有目共睹,短短20多年里,这个昔日名不见经传的地方早已成为我国的经济中心,成为许多年轻人渴望去追寻财富与成功的地方,成为缔造神话和传说的土地。这些年来,浦东新区更是接连开展了"聚焦金融"战略、"聚焦张江"战略,发展战略性新兴产业,引领先进制造业,开展航运中心建设,发展会馆旅游业,更是不断进行招商引资,给这个城市增添了无尽的活力。

众所周知,海派文化善于海纳百川博采众长,如今的浦东正日益成为一个中外文化交流的舞台,一个彰显海派文化的大市场,一个具有文化发展潜力和前景的新城区。20多年来,浦东兴建了一批有相当知名度的文化设施和旅游景点,东方明珠电视塔、上海科技

⬇ 夜晚的浦东新区

馆、上海国际会议中心、海洋水族馆、东方艺术中心、临港滴水湖等正成为丰富上海市民文化生活的重要平台，改善了浦东综合发展环境和生活环境，提高了浦东的城市文明程度。

浦东新区，这块土地，承载了过往的硝烟与创伤，讲述着今天的辉煌与梦想，更寄托着属于明天的希望之光。一年又一年，多少年轻人在这片土地上追逐梦想创造价值，一年又一年，浦东以其独特的魅力引领着时尚的潮流，充当着文化的先锋。浦东新区的发展让我们看到了城市复兴的希望，让我们看到了东海未来的富强，更让我们看到了祖国灿烂辉煌的明天。

↑ 东方明珠电视塔

难忘世博

浦东是世博会主场馆的所在地。举世瞩目的世博会于2010年5月1日至10月31日在上海市中心黄浦江两岸举办。世博会共分5个片区，其中，A、B、C三个片区在浦东，D、E两个片区在浦西，A片区为中国馆和外国国家馆（亚洲和大洋洲国家），B片区为主题馆、公共活动中心和演艺中心，C片区为外国国家馆（欧洲、美洲和非洲国家）、国际组织馆，D、E片区为企业馆和世界博览馆。

2010年上海世博会以"和谐城市"的理念来回应对"城市，让生活更美好"的诉求，积极塑造"和谐城市"的范例，这个理念包括"人与自然的和谐"、"历史与未来的和谐"和"人与人的和谐"，并在此基础上，探索城市多元文化的融合、城市经济的繁荣、城市科技的创新、城市社区的重和城市与乡村之间的互动。世博会使浦东开发开放又一次站在世界的平台上，大大推动了浦东经济社会的发展。

2010年上海世博会以人为本、科技创新、合作共赢、面向未来，是一次理解、沟通、欢聚、合作的盛会，是一届成功、精彩、难忘的博览会，是一届科技、人文、绿色的世博会，必将照亮人类可持续发展之路。

东海海洋文明的一角风帆

东海海面上行走着的船只，经历着风霜的侵袭，也承受过暴雨的袭击，然而，这些都阻挡不了它们传递泱泱古国的希望与文明的使命。从星星之火的语言词汇到博大精深的文化体系，从带着清新香气的茶叶到规模宏大的大批货物，无不在东海的海面上划出优美的涟漪，留下动人的波纹……

当那些历史随着时间的流逝渐渐远去，当时间的灰烬掩盖着曾经的光辉，我们或许需要用另一种方式来铭记那些灿烂辉煌……

宁波帮博物馆

宁波深厚的历史文化底蕴和开放的海洋性格兼具的人文地理特征，造就了"宁波帮"这个秉承传统而又开拓创新的群体。博物馆在建筑设计理念上则充分凸显了这一文化品性。

博物馆位于宁波市轴线绿化景观带的中段，俯瞰主建筑群为"甬"字形结构，"甬"字是博物馆的核心创意元素。全新的"宁波帮"博物馆标志，通过对"甬"字的变形和艺术设计，使标志的图形、色彩、字体都充分体现了宁波的人文历史底蕴和博物馆深厚的宁波商帮文化气息。

中国茶叶博物馆

中国茶叶博物馆是茶文化专题博物馆，位于浙江省杭州市西湖西南面龙井路旁双峰村。

茶叶博物馆作为以展示茶文化为主题的博物馆，建筑选址在杭州西湖龙井茶的产地双峰村一带，设计了茶史、茶萃、茶事、茶缘、茶具、茶俗六大相对独立而又相互联系的展示空间，从不同的角度对茶文化进行诠释，起到了很好的展示效果。中国茶叶博物馆倚山而筑，背倚吉庆山，面对五老峰，东毗新西湖，四周茶园簇拥。举目四望，粉墙、黛瓦、绿树与逶迤连绵、碧绿青翠的茶园相映成趣。博物馆主体由几组错落有致的建筑组成，以花廊、曲径、假山、池沼、水榭等相勾连，富有江南园林的独特韵味和淳朴清新、回归自然的田园风光。

中国茶叶对促进中外文化的交流和沟通，有十分重要的地位和作用。

东海 05
那些抹不去的记忆
EAST CHINA SEA MEMORIES

　　再回首，斜阳映东海，山河入梦，岁月倥偬。英雄的马蹄声，列强的枪炮声，战场上的厮杀声，仿佛都随着这最后一抹斜阳的消散而渐渐远去。曾经的刀光剑影，曾经的鼓角争鸣，亦由如今东海的渔民泛舟、海鸥低鸣所替代。

　　历史不会忘记，列强虎视眈眈剑指台湾，多少东海儿女用生命维护了祖国领土的完整；历史不会忘记，沿海一带倭寇来犯，多少东海儿女用生命筑起一道海上长城。当战争的阴霾已经过去，当历史的天空不再布满黑云，当东海儿女可以在富足的船舱里进入甜美的梦乡，让我们再一次走进东海诸岛，重温那些记忆里的故事……

东海故事
Stories of East China Sea

千岛海韵

和世界上任何一处大洋一样，这片叫作东海的蔚蓝色海域里也分布着大大小小、形态各异的岛屿。东海的这些岛屿，以自己独特的风貌、富饶的矿产资源、悠久的历史文化，吸引着每一个华夏儿女的目光。

舟山群岛

气势磅礴的瀚海浪涛，千姿百态的奇崖岩穴，宏伟典雅的名刹寺院，洁净宽阔的金沙浴场，桅林万盏的渔港夜景……这场景，可入诗入梦，入歌入画，这就是仿佛美丽的珍珠项链镶嵌在碧波万顷东海上的舟山群岛。

　　用星罗棋布来形容舟山群岛再恰当不过了。这里岛礁众多，大大小小的岛屿有1000余个，千姿百态，各领风骚。有的岛屿奇岩异洞比比皆是；还有的岛屿异礁遍布，终年云雾缭绕，仿佛置身仙境；更有海天佛国普陀山、海上雁荡朱家尖、海上蓬莱岱山，迎来送往天下游人。蓝天、碧海、绿岛、金沙，或许是造物主对舟山这片土地格外钟爱，才将世间种种美景集合此处。

　　早在5000多年前，在那个提起来都觉得遥远和恍惚的新石器时代里，这群美丽的岛屿就已经有了人类的踪迹。在舟山群岛西北部的马岙镇原始村落遗址上，海边有99座堆积的土墩被发现，据考证这是先民们在此生活留下的遗迹，分布于卧佛山南面。这一古文化遗址群是舟山群岛迄今发现的规模最大、保存最完整、内涵最丰富的海边原始村落遗址，被誉为"海洋文化发源地"、"东海第一村"。

　　悠久的历史带给舟山这些岛屿更加丰富的内涵，也给这些岛屿添上了一丝迷人的色彩。被称为"东海鱼舱"的舟山群岛，从消逝的远古到进行着的现在，孜孜不倦地以博大的情怀润泽着东海的人们。

静默不语钓鱼岛

把食指放在地图上北纬26°、东经124°的那块小小地方……千百年来，它曾被无数双眼睛紧盯，盘踞在《马关条约》的扉页上，暴露在垂涎的目光里。这一个小小的岛屿，它历经历史的浩劫、岁月的沧桑，如今依旧静卧在东海的怀抱里，静默无语，聆听着东海的心跳。

翻开厚重的史册，从古老的文字中去找寻关于钓鱼岛的记忆。把目光投向那辉煌一时的秦朝，早在公元前219年，秦始皇曾派人到海外寻仙山，求长生不老之药。当时的脚步涉及过的领土，所找到的夷州，就是现在的台湾岛。公元230年，三国大将孙权曾派将军卫温、诸葛直到过夷州。后来是南宋乾道七年（1171），镇守福建的将领汪大猷在澎湖建立军营，遣将分屯各岛。那时台湾及其附属岛屿（含钓鱼岛）在军事上隶属澎湖统辖，行政上则由福建泉州晋江管理。历史的洪流不停地向前，元朝也曾在澎湖设立巡检司，管辖澎湖、台湾，自然也包括这个名叫钓鱼岛的岛屿。

明朝年间，华夏民族的祖先就已经在钓鱼岛周边捕捞生产，泛舟海面。明永乐年间出版的《顺风相送》对钓鱼岛有详细的记载。嘉靖四十一年（1562），明朝派赴琉球的册封使郭汝霖曾记述沿途情况："五月二十九日至梅花所（今福建闽江口）开洋，三十日过黄茅（今棉花屿），闰五月初一过钓鱼屿，初三日至赤屿焉，赤屿者，界琉球地方山也。再一日之风，即望姑米山。"不难看出，姑米山为琉球地界，赤屿以近（包括钓鱼岛在内）是明朝的疆域。

明朝时期，海疆倭寇肆虐，明朝政府在防倭御寇的过程中，形成了许多海防专书和海道真经，并在书中配列了沿海图。其中，郑若曾编绘的《万里海防图》(第五、第六幅)，施永图编绘的《福建防海图》等，都是明朝政府经营管辖沿海岛屿最原始的地图记录。这些海图中，明确地记入了鸡笼山、花瓶山、彭佳（嘉）山、钓鱼山、橄榄山、黄尾山、赤屿等岛屿，乃是中华海山一道天然

的岛屿石链，是明朝政府水军防倭御寇必到的海域，也是浙江、福建沿海及台湾民众前往捕鱼的渔场。到了清朝时期，关于钓鱼岛的类似记载数不胜数，1654年清康熙帝册封琉球王为尚质王、两年进贡一次，称中国为父国，用大清年号。

沐浴着万载雨雪风霜，穿越过千年历史烟云，悠悠东海水的洗涤和冲刷，使得这片岛屿更显得坚毅和执著。纵然斗转星移，世事变迁，它依旧如同一位沉默的勇士，静默不语地矗立在东海翻卷着的万里波涛里，静静地看着每一个日出日落……

让我们驾驶着一叶风帆在历史的长河中溯流而上，从卷帙浩繁的史册、茫无涯际的资料中去追寻祖先曾涉足过的这片岛屿。它存在于祖先抱笔辑录的东海史记里，存在于渔民溯流而上的叶叶扁舟里。片片沙洲，点点礁石，让这些小岛仿佛有了生命，牵动人心。

↓ 钓鱼岛

但愿海波平——戚继光抗倭

郁达夫曾写过这样一首诗："三百年来，我华夏威风久歇。有几个，如公成就，丰功伟烈。拔剑光寒倭寇胆，拨云手指天心月。到于今，遗饼纪东征，民怀切。会稽耻，终须雪。楚三户，教秦灭。愿英灵，永保金瓯无缺。台畔班师酣醉石，亭边思子悲啼血。向长空，洒泪酹千杯，蓬莱阙。"这首写给民族英雄戚继光的诗，几十年后看来，依旧是令人荡气回肠，豪情万丈。

如今的东海蓝天白云，风平浪静，一切看起来美丽又宁静，没有人看得出这里，曾有过轰轰隆隆的枪炮声，曾有过金戈铁马的万丈豪情。翻开历史的那一页，戚继光的伟岸形象，戚家军的豪迈身姿，从历史的烟尘中渐渐清晰立体起来……

封侯非我意，但愿海波平

"小筑渐高枕，忧时旧有盟。呼樽来揖客，挥尘坐谈兵。云护牙签满，星含宝剑横。封侯非我意，但愿海波平。"写下这首豪情万丈诗词的那一年，戚继光年仅19岁，字字句句已显露出凌云壮志。

戚继光，祖籍河南，嘉靖七年（1527）生于山东鲁桥（今济宁市东南）的一个军人世家。戚继光的父亲熟读兵书，精通武艺，治军有方。戚继光从小就受到良好的家庭熏染，怀抱忠心报国之志。14世纪初叶，明初，日本进入南北朝分裂时期，封建诸侯割据，互相攻战，争权夺利。在战争中失败了的一些南朝封建主，就组织武士、商人和浪人到中国沿海地区进行武装走私和抢劫烧杀。从辽东、山东到广东漫长的海岸上，岛寇倭夷，到处剽掠，沿海居民深受其害。长期生活在沿海的戚继光对此十分痛心。

↑ 戚继光画像

嘉靖二十三年，戚继光的父亲病逝，戚继光袭任父职，做了登州卫指挥佥事，负责山东沿海的一带防守，从此开始了戎马生涯。上任伊始，戚继光面临的首要问题就是倭寇，他立下雄心壮志："封侯非我意，但愿海波平。"

天威扬万里——抗倭战争

时至今日，戚家军这个名字说出来，仍旧会让每一个华夏儿女心中油然而生一种自豪之情。在那个倭患严重、国家安全受到严重威胁的时代，这支军队如同一支利箭，如同一簇火苗，如同一只飞鹰，英雄无畏，所向披靡。

因为浙江倭患严重，嘉靖三十四年，戚继光被调任浙江都司佥书，次年升任参将。此后，戚继光多次与倭寇作战，先后取得龙山、岑港、桃渚之战的胜利。实战过程中，戚继光认识到明军缺乏训练、作战不力，多次向上司提出练兵建议。嘉靖三十八年，戚继光无意间看到义乌矿工与永康矿工打架的场面，戚继光惊呼："如有此一旅，可抵三军。"戚继光从浙江义乌招募了近4000人，进行了严格的

鸳鸯阵

明代军事将领戚继光根据东南沿海地区多丘陵沟壑、河渠纵横、道路窄小和倭寇作战特点等情况，创立了鸳鸯阵，此阵以形似鸳鸯结伴而得名。在明代军队抗击倭寇时作出了贡献。

训练,这就是后来赫赫有名的"戚家军"。戚继光率领着这支军队开始了平定浙江倭患的行动。他的治军思想极为先进,以东亚最先进的武器装备部队,戚家军的纪律严明更是闻名天下,所以戚家军无论在哪里作战都能够获得当地百姓的支持。有一位英雄的将领,有一支严明的军队,有一股团结一致的向心力,这样的战役何患失败?此后倭寇大举进犯浙江,戚继光在台州十三战十三捷,基本平息了浙江的倭患。

↑ 戚继光大炮

浙江的倭患虽已平定,但仍有部分倭寇残余势力存在,其中的一部分盘踞在舟山岛西面的岑港。这个地方地形非常复杂,倭寇只留一条小路以便出入,将其余通路一概堵死。各路官兵进攻岑港时倭寇居高临下,明军仰攻很不方便,久攻不下。明政府认为将官作战不力,

↑ 戚家军布阵(鸳鸯阵)

撤了戚继光等人的职务,限令一个月内攻克岑港。随着期限的临近,戚继光等率士卒,奋勇冲锋,倭寇抵挡不住,于深夜乘船退出岑港,转移到舟山北面的梅山,此后扬帆南下,转至福建。

东南沿海的福建从此遭受倭寇的侵扰,他们兵分两路:一支筑巢于宁德城外海中的横屿,另一支筑巢于福清的牛田,形势非常危急。嘉靖四十一年,戚继光受命入闽剿倭,他率领着戚家军先后荡平横屿、牛田、林墩三大倭巢,暂时平定了这一带的倭患,随后戚继光回浙江补充兵员。谁知戚继光刚离开,倭寇就庆贺说:"戚老虎去,我们还怕什么!"又开始在这一带猖獗活动,并攻占兴化府城(今福建莆田),随后又据平海卫为巢。嘉靖四十二年,戚继光再次率军抵达福建,于平海卫与倭寇激战,大败倭寇,基本平息了东南沿海的倭患。

第一首军歌

明嘉靖四十一年,戚家军攻克横屿。戚将军和全军将士一同赏月,当时军中无酒,戚将军即席口述《凯歌》一首,教全军将士一起唱和,以歌代酒,激励士气。

万众一心兮,群山可撼。	号令明兮,赏罚信。
惟忠与义兮,气冲斗牛。	赴水火兮,敢迟留!
主将亲我兮,胜如父母。	上报天子兮,下救黔首。
干犯军法兮,身不自由。	杀尽倭奴兮,觅个封侯。

这首《凯歌》读起来慷慨激昂,让人心中油然生起爱国之情,眼前也仿佛出现了爱国将士沙场奋战的情景。这首歌被称为中国的第一首军歌。

"南北驱驰报主情,江花边月笑平生;一年三百六十日,多是横刀马上行。"这是戚继光对自己一生驰骋南北、征战东西的写照,是戚家军南征北战的真实缩影。东海浪花翻腾,似乎也想起了往日这里曾涌现出的金戈铁马,想起了悠悠史册中那些为了维护祖国利益而奋不顾身的英雄……

▼ 戚继光纪念馆

龙船破浪行——郑成功收复台湾

有这样一个地方，提起来就让人心中涌起万千豪情；有这样一个人，说起来就让人心潮澎湃；有这样一段历史，时至今日，依旧铭刻在每一个炎黄子孙的心中。浪花淘尽英雄，浩浩荡荡的东海水，流传着种种关于英雄的传说，任由时空转变，世界改变，依旧如东海上空的星星，留给后人永远的仰望。

愿作孤臣趋烈火，不学孺子隐沧波

郑成功，名森，字明俨，号大木，福建省南安市石井镇人。1645年6月，清军攻克南京，南明弘光政权覆灭，唐王朱聿键在福州被郑芝龙等拥立为帝，建号隆武。隆武帝看重郑森，遂赐他与国同姓，易名"成功"。郑成功可谓在多事之秋，少年得志。1658年，郑成功以80万大军大举北上，意在攻占南京。出师前郑成功曾满腹豪情地赋诗曰："缟素临江誓灭胡，雄师十万气吞吴。试看天堑投鞭渡，不信中原不姓朱。"经数次血战，郑成功的大军于次年败于金陵城下，最后不得不退驻厦门。1661年，郑成功在厦门召开会议，宣布要收复被荷兰殖民者占领的宝岛台湾。

皓月园郑成功雕像

郑成功故里

▲ 郑成功收复台湾纪念银币

那一年,郑成功的军帐拂来阵阵海风……

夕阳西斜,郑成功看着案头的澎台地图,轻轻地捋一把胡须,犀利的目光投向那片海域。他目光凝望之处,这片大海已经沉寂了近半个世纪,蓦然醒来,悄然地等待,静静地聆听,巨炮的轰然声响,等待殖民者万劫不复的末日:"台湾非我亲征不可!"

莫说东方男子少,赤嵌城下拜延平

为收复国土,1661年农历三月,郑成功亲自率舰队从金门料罗湾出发,进入澎湖海面,即便是在海上忽遇狂风暴雨,大军里的将士仍斗志昂扬连夜破浪前进。一场场战役紧锣密鼓地拉开了序幕,一阵阵硝烟在东海海面上滚滚而起。火炮和洋枪声中,武力和谋略之下,郑成功的大军势如破竹,荷兰军队连连败退,最后只得退守赤嵌楼、台湾城这两座孤立的城堡。怀揣着不破楼兰终不还的巨大决心,郑成功的大军直逼台湾城,将旗猎猎,瞳瞳之目,利剑一指,振臂高呼,一场保卫国土完整的战役在东海拉开了序幕。

"谕降书"发到了荷兰殖民总督手中，字字句句严正："然台湾者，早为中国人所经营，中国之土地也……今余既来索，则地当归我。"在荷兰殖民军队拒绝投降之后，如雨的蹄声，如雷的喊声，南明水师一拥而上。荷军的赤嵌城和台湾城被郑成功围困，首尾难顾，左右难援，兵败如山倒，最终只得弃城投降。1662年农历二月一日，荷兰驻台湾长官签字投降："愿罢兵约降，请乞归国。"

9个多月的艰苦战斗，9个多月的生死拼杀，郑成功率领的大军，在台湾人民的支持下，终于迫使荷兰殖民者签订了降约，自此台湾结束了荷兰的殖民统治，重新回到祖国的怀抱。"殖民略地日观兵，夹板威风撼四溟。莫说东方男子少，赤嵌城下拜延平。"这是后人对这场战争的盛赞，更是对郑成功的褒奖。

出师未捷身先死，长使英雄泪满襟

正值壮年的郑成功，胸怀大志。收复台湾以后，他为台湾的发展鞠躬尽瘁，建立同祖国大陆一样的郡县制度，发展农业生产，推广先进的农业生产技术，铸造钱币……种种措施的实行，使得台湾宝岛真正实现了"野无旷土，军有余粮"，经济得到了发展，百姓的生活也得到了提高……

然而，郑成功38岁那年却因病去世，未能将自己的一腔抱负完全实现，留给历史一声无奈的叹息。反清复明的壮志未酬，造福百姓的大志未完，郑成功的不幸去世，使台湾失去了具有威慑力的庇护和最稳定的人心基础。不单是当时的英雄掬泪悲伤，就是后世的人们也在为之遗憾。英雄已逝，英名长留。如今建在厦门的郑成功纪念馆，陈列着大量关于郑成功的历史资料，每年吸引着大量的炎黄子孙前来参观……

↑ 郑成功作战图

沧海改易，桑田变迁，如今的那片海域，不再有枪炮隆隆。每段残垣，每棵水草，每只虾蟹，静静地守望着西沉的落日，冥想着自己杳然的日子……金门岛上一簇簇篝火点燃，月亮的倩影在水中独舞，空旷的大地随之狂欢，一场场关于英雄的战争过后，在长矛和洋枪的灰烬中，海峡上将再次升腾起龙的气息……

郑成功雕像

海洋开放政策——"隆庆开关"

悠久的历史长河里，中国曾有一段并不算短的禁海时期，禁海政策下，中国人只能固守着广袤的陆地疆土，而无法将目光投向那一片蔚蓝的东海。有人曾这样悲观地宣称，对海洋的追求仅仅是西方人特有的权力，黄色文明只是固守着黄土高原的那一方黄土地。的确，拉开一道道历史的帷幕，当全世界都通过海洋来互相融合和接近时，海禁政策看起来是多么不合时宜。然而16世纪下半叶的"隆庆开关"还是闪现了中国人对海洋追求的精彩瞬间……

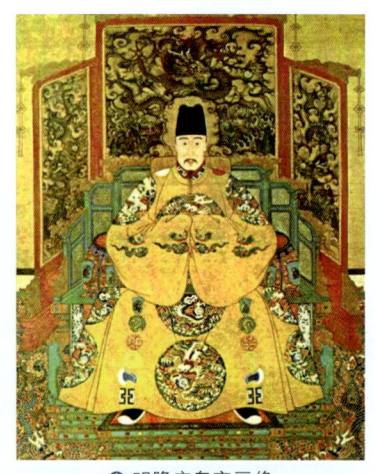

↑ 明隆庆皇帝画像

1433年，郑和的下属王景弘把庞大的船队带回了南京，把郑和的头发和衣帽也带回了中国。然而，随着明宣宗的一声诏令"下西洋诸藩国宝船悉令停止"，这支创造了中国人海洋奇迹的远洋船队永远地"回家"，禁海政策实行，郑和的宝船不再出港，在身后留下几百年的空白与寂寞。

而当时的世界，正在发生着翻天覆地的变化，大航海时代悄然来临，欧洲航海家新航路的开辟激发了欧洲人对探索海洋、对寻找新大陆、对获得未知海洋财富的极大渴求，一个个海洋列强在欧洲崛起，争相走向称霸海洋继而称霸世界的道路。而此时的中国，却实施了海禁政策，导致了中国的海洋事业一步步走向了衰落。

1370年，明朝政府下令撤销了唐宋以来长期实行的市舶司制度。4年后，又下令撤销了负责海外贸易的福建泉州、浙江明州、广东广州三市舶司，中国海上对外贸易遂告断绝。7年后，政府再次下令，禁止濒海人民"私通"海外诸国。此后，明朝政府政策频出，禁止与"外番"交通，禁止民间使用以及买卖"番香"、"番货"等商品，禁止中国人下海通番。连续出台的禁海政策，表面上有助于对国家政权的巩固，有利于增强海洋防御能力，但却造成了"寸板不许下海"的局面，严重打击了海洋经济以及海上贸易。

↑ 仿真郑和宝船

直到100多年以后，大明朝已经走过了大半的岁月，才迎来了海洋开放的时代……

隆庆元年，隆庆皇帝宣布解除海禁，调整海外贸易政策，史称"隆庆开关"。民间私人的海外贸易获得了合法的地位,东南沿海各地的民间海外贸易进入了一个新时期，明朝出现了一个全面的开放局面。"隆庆开关"主要开放的是东海沿海的一些港口，如福建月港，从此各种货船、商船便从这些港口扬帆远航，融入到世界贸易之中，东海海面上一时间呈现出热闹非凡的景象。

自1572年"隆庆开关"到1644年明朝灭亡这70多年的时间里，全世界生产白银总量的1/3都涌入中国，共计约3.53亿两，全球2/3的贸易与中国有关，很好地促进了晚明时期海上贸易的发展，它对明末资本主义的萌芽有着重要的意义。不仅如此，"隆庆开关"也使得当时的人们有了与外界交流的机会，把目光投向海洋的另一端，激发起人们对海洋、对外面世界的追求和渴望……

福建月港

福建漳州月港，是"隆庆开关"以后海上贸易迅速发展走向繁荣的一个缩影。开关后的月港从"海防馆"变成了对外通商口岸的"督饷馆"，与泰国、柬埔寨、印度尼西亚、苏门答腊、马来西亚、朝鲜、琉球、日本、菲律宾等几十个国家保持着直接的商贸往来。

基隆保卫战

美丽富饶的宝岛台湾,仿佛镶嵌在东海上一颗明珠。千百年来,它美丽卓越的身姿引起了多少西方列强的虎视眈眈,又引起了多少英雄为它百折不挠浴血奋战。从郑成功再到刘铭传,多少铮铮铁骨热血男儿为了这一方热土穿上了盔甲,挥起了战旗,献出了生命。

临危受命

清朝末年,风雨飘摇,泱泱中华陷在列强的虎视眈眈中,一时间乌云笼罩着这个曾辉煌一时的帝国,笼罩着这片曾祥和美丽的疆域。在中法战争爆发之时,清政府的众多文人武将,竟找不到一个可以出兵迎敌的将军。国家临危之际,清政府想起了解甲归田的刘铭传。

↑ 刘铭传像

刘铭传出生于安徽省肥西县的农家。自幼家贫,生活非常窘迫,但他少怀大志,为人刚毅仁侠,耿介坚强,练就了一身好武艺。1862年,李鸿章为了镇压太平军,在安徽省招募乡勇组织淮军。刘铭传认为这是立功报国的难得机会,于是率乡勇加入淮军,独树一帜,号称"铭字营"。在追随李鸿章、曾国藩镇压太平天国的过程中,刘铭传战功显赫,很快由千总、都司、参将、副将提升为记名总兵,成为李鸿章手下一员重要猛将。1865年,29岁的刘铭传已经官至直隶提督,并获得清廷三等轻车都尉世职及一等男爵的封赏。1868年,他奉旨督办陕西军务,后因积劳成疾,挂冠归乡。

虽然是挂冠归乡,但刘铭传的脑海里无时无刻不在牵挂祖国的命运。西方列强对封闭落后的大清帝国虎视眈眈,民族危机空前严重,山河飘摇,风雨变色,民不聊生。面对此情此景,刘铭传常常夜不能寐,"养疴田园,每念中国大局,往往中夜起立,眦裂泣下"。

1884年5月,法国舰队闯入我国领海,企图占领台湾,台湾岌岌可危。清政府十分恐慌,急召在家乡养病的刘铭传,加以巡抚头衔,命他督办台湾军务。隐居10多年的刘铭传临危受命,带上100多名亲兵,渡海入台,担负起抗击法国入侵者、保卫台湾的神圣重任。

基隆保卫战

1884年7月16日,刘铭传风雨兼程抵达基隆,没有丝毫休息便开始巡视要塞炮台、检查军事设施,为保卫台湾做准备。此时的东海上空早已是乌云密布,山雨欲来。在刘铭传到达基隆的第15天,中法战争爆发。

基隆

↑ 中法战争中中国使用的大炮

↑ 刘铭传故居

↑ 刘铭传纪念馆局部

  1884年8月,法舰直逼基隆,将大炮对准了这片美丽的土地,众多军舰齐向基隆炮台猛烈开火,摧毁了清军多处炮垒及营房,使得清军无力抵抗,只得向内地撤退。法军登陆,占领基隆港,一时间基隆港风云变色,仿佛经历了一场浩劫。刘铭传挂帅亲征鼓舞士气,清军奋勇从各个方向进行反击,逐渐缩小包围圈。经过激战,法军伤亡惨重,狼狈逃回军舰,侵占基隆的计划破产。首战告捷,大大挫伤了敌人的威风,打出了中国军队的士气。

  法军虽然首战失败,然而占领台湾之心并没有消亡,在狼狈逃走之后重新整顿,假意和谈使守军疏于防备,发动突然袭击。这次突袭因法军牢牢掌握了台湾海峡的制海权,得以随心所欲地全力侵台,一时间台湾又乌云密布。

  同时,法军发动大量部队进攻沪尾,刘铭传率领的将士在沪尾与法军展开了激战,全体将士浴血奋战,最后获胜。恼羞成怒的法军又派出士兵4000多人、兵舰20多艘封锁台湾所有出海口。兵少弹缺，援兵受阻，清军处境非常困难。但是，刘铭传却丝毫没有退却，坚决保卫台湾，血战到底。为了抵御侵略者，他利用台湾多山地形，筑长墙，挖巨洞，凭险固守，作持久战，并积极发动当地民众支援战争，设法自救。当时，台湾军民同仇敌忾，形成了真正意义上的"全民保台"。刘铭传率领台湾军民，顽强坚持战斗，苦战数月。1885年6月9日，《中法会订越南条约十款》在天津正式签订，法军撤出基隆、澎湖，并撤销对于中国海面的封锁。

"赐国姓，家破君亡，永矢孤忠，创基业在山穷水尽；复父书，词严义正，千秋大节，享俎豆于舜日尧天。"刘铭传在台期间为英雄郑成功重修延平郡王祠时曾写下了这副楹联，在表达自己对这位叱咤风云的英雄怀念之情的同时，也穿插着些许悲悯的情怀。任职台湾期间，刘铭传任劳任怨，创榛辟莽，为兴建台岛、整饬海防而殚精竭虑。现在我们再读这副楹联，仍能感受到一心为国、一心为民的拳拳赤子之心……

🔽 刘铭传墓

一寸山河一寸血——淞沪会战

"一寸山河一寸血,十万青年十万军。"这句诗可以看作八年抗日战争的真实写照。那是一段每一个华夏儿女、炎黄子孙都不会忘却的历史,那是泱泱古国千百年来所遭受的最大的欺凌,那是一首浑雄悲壮的英雄赞歌,那是将士们用血肉之躯筑起抵御列强的钢铁长城。无论是声名远扬的将军,还是默默无名的士兵,在那场旷日持久的战争里,他们用自己的满腔热血,铸就了一个民族的精神脊梁。

1937年7月7日,卢沟桥事件爆发,日军的铁蹄踏上了华夏辽阔的土地,更将目光投向了东海畔最明亮的宝珠——上海。这个曾经歌舞升平的城市,这个曾经安宁祥和的城市,这个曾经欢声笑语的城市,一时间面临着被践踏、被欺辱、被毁坏的命运。

1937年8月13日凌晨,驻上海日军以冲入虹桥机场的水兵被击毙为借口,向驻八字桥一带的中国守军发起进攻,日本军舰炮轰上海市区,曾经温婉多情的黄浦江上空弥漫着硝烟。轰隆隆的枪炮声惊醒了妄想靠退缩换取暂时和平的国民政府,中国军队给予日军坚决还击。

淞沪会战是抗日战争时期中日军队之间的首次主力会战,交战双方总共投入近百万兵力,在3个多月的时间内激战于以上海为中心的长江三角洲地区,是抗战八年中规模最大、时

↑ 淞沪会战史料图片

↑ 淞沪会战史料图片

↑ 淞沪会战史料图片

间最持久的战役之一,震惊世界。在中日僵持的过程中,在一次次的激烈交战中,许许多多的仁人志士舍生取义,献出了宝贵的生命,"八百壮士"便是其中格外撼动人心的一例。

"八百壮士"是在日军的重重包围下负责守卫四行仓库的中国军队,孤军奋战,誓死不退,坚持战斗四昼夜,击退了敌人在飞机、坦克、大炮掩护下的数十次进攻。他们的英勇壮举,他们身上所彰显出的那种宁死不屈的精神,激励着后来者奋勇抗战⋯⋯

尽管众多爱国将士浴血奋战,尽管千万民众参与,这场战役的结局还是没能被改写。那一年的11月,日军最终还是占领了上海这个本来祥和美丽的城市,淞沪会战悲壮而又遗憾地结束,空留给历史一声沉重的叹

↑ 淞沪会战史料图片

↓ 淞沪会战史料图片

息。然而，中国军民的浴血苦战，大大打击了日军的嚣张气焰；他们那种大无畏的英雄气概，可歌可泣，在东海之畔闪烁着不朽的光芒……

淞沪会战英雄谱

"机掩吴淞月，炮掀黄浦波，发扬我民族英威，扫荡敌人侵略的罪恶……"这首《淞沪战歌》在淞沪会战期间广为传唱，每一次唱起时，内心总会涌起万丈巨波。各地战士，闻义赴难，朝命夕至，以血肉之躯，筑成壕堑，陷阵之勇，足以昭民族之精神，奠中华复兴之根基。

↑ 上海淞沪抗战战场旧址

黄梅兴

1897年生，字敬中，广东梅县人，黄埔一期毕业，1937年8月14日下午3时许，黄梅兴将军亲临前线指挥，在连续攻破10余个日军坚固堡垒后，不幸被日军迫击炮弹击中，壮烈殉国，时年40岁。

蔡炳炎

1902年生，字洁宜，安徽合肥人，黄埔一期毕业。在淞沪抗战中有"血肉磨坊"之称的罗店争夺战中，第67师协同第11师保卫罗店，与日军展开反复争夺。1937年8月27日晨，蔡炳炎将军亲率402团两个营攻击罗店日军，不幸中弹阵亡，以身殉国，时年35岁。

庞汉祯

1899年生，字胤宗，广西靖西县人，壮族，广西陆军讲武堂及中央军校南宁分校高级班毕业。1937年10月18日，庞汉祯将军率部抵沪参战；19日夜进入阵地，接替517旅守备谈家头至陈家行一线；10月23日下午3时，在陈家行指挥战斗时被日寇火炮击中牺牲，时年38岁。

江阴阻塞战

东海,这片蔚蓝,见证过多少沉重的时刻;东海,这片海域,多少次被烈士的鲜血染红。这片从不屈服的海洋,用滔天巨浪洗涤着战场烟云,用苍劲海风遮掩着历史风潮。往日的枪炮早已冷却,曾经的战舰早已安息,然而,却总有一些时刻,停留在我们心底,每一次想起,都会被那份惨烈迷蒙双眼,都会被那种精神震撼心灵。

江阴,位于江苏南部,长江三角洲太湖平原的北段,距离上海仅有100多千米,距离当时的国民政府首都南京也不到200千米。滚滚长江往东而却,形成了南京与上海之间最狭窄的1250米宽的江面,这样的地理环境使得江阴自古就成为扼守长江咽喉的第一要塞,更是抗日战争时期的兵家必争之地。

"淞沪方面实行战争之同时,以闭塞吴淞口,击灭在吴淞口内之敌舰,并绝对控制其通过江阴以西为主,以一部协力于各要塞及陆地部队之作战。"这足以看出,侵略者已经把目光锁定了江阴这一兵家要地。在这种情况下,中国海军走上了抗战前台。江阴阻塞战,就是一场海军的战争,一场海面上的风暴。

民国海军将领陈绍宽被蒋介石紧急从英国召回,任命为海军司令,主持长江防务。在这一片狭窄的江面上,陈绍宽率领中国海军在江阴写下了第二次世界大战期间中国战场上最为惨烈的海战历史。

陈绍宽(1889—1969),字厚甫,前国民党陆军、海军一级上将,汉族,闽侯县城门乡(今福州郊区城门镇胪雷村)人。他的父亲原是一名箍匠,后加入晚清海军,担任水手。由于家庭影响,陈绍宽在求学时期就向海军靠拢。他17岁进入南洋水师学堂,攻读航海技术;毕业后,加入清朝海军服役,后归附国民革命军;在任期间曾规划四大战区,提出20艘航母计划,并指挥了著名的江阴阻塞战。

1937年的8月,陈绍宽率领"平海"、"宁海"等主力军舰奔赴江阴,在那片水面前良久矗立。这片当时看起来尚且风平浪静的海面,不久之后便会被战争的阴霾所笼罩,被漫天的乌云所覆盖。破船沉江,用战舰"自杀"的方式来阻塞航道,这是一个沉重而艰难的决定,然而在那个特殊的时期,也许只有这样的牺牲才能保全大局。在陈绍宽的指挥下,几十艘船

↑ 江阴军事文化博物馆

↑ 江阴要塞战中的宁海舰

一起沉入江底，剩余船只全部炸沉或者自毁，"江阴封锁线"几乎在一夜之间建成。一个月以后，陈绍宽率领海军又将4艘军舰沉入江阴，在江阴阻塞线后构成了另一道辅助阻塞线。淞沪会战爆发上海失守后，日军侵入江阴城，中国海军又立即在马当江面和田家镇江构筑第二道和第三道阻塞线，滞缓了日军的进攻速度。

江阴阻塞战是抗战期间中国海军主动撤离沿海，退守内河进行防御的唯一一次海军战役。从8月份布防开始，江阴封锁线一直坚持到了12月初。在江阴直接阻敌的18天结束后，中国海军主力战舰几乎全部自沉于江阴的滚滚长江之中。抗战时期的中国海军官兵，谈及江阴一役都有一种深及灵魂的悲痛。中国海军的牺牲太过惨烈，中国海军的主力战舰在这场战斗中几乎完全损失；此后海军再也无法组织舰队迎战，转而退入内地实施布雷等消耗战。这导致绝大多数的相关著述或评论，干脆直接宣称第二次世界大战时期，并无所谓"中国海军"。

这是一场用泪和血凝成的战争。然而江阴之战，却也带给了我们光明的一面，江阴海战是以海军牺牲为代价，却为中国从东到西的战略大战役争取到了极其宝贵的时间。在这场血战中，中国海军的抵抗，不可谓不英勇，不可谓不艰苦，使日军遭受了相当损失，也在一段时间内保证了长江航道的畅通。这场血战让国人看到了中国海防的希望，看到了中国海军大无畏的牺牲精神，中国海军在物质上由盛而衰，在战斗精神上却由衰而盛，在那个时代充满阴霾的海面上闪烁出了最耀眼的光芒。

"中国海军军人特具的性格、所表现的沉着英勇和誓死牺牲的伟大精神以及他们破釜沉舟的做法，这是值得世界上任何国家所效仿的。"当时美国研究远东问题最权威的《密勒氏评论报》上刊登出了这句话。这句话是对江阴阻塞战中勇于牺牲、誓死卫国的精神的肯定，是对江阴阻塞战中所有英勇的灵魂的一曲赞歌。这片名叫江阴的江面上至今仍弥漫着中国海军那英勇无畏以身报国的英雄之气。

⬇ 江阴军事文化博物馆

⬆ 江阴军事文化博物馆

不能忘却的东海民族丰碑

东海之畔,至今仍回旋着海鸟的低鸣,似乎在为远去的英魂吟唱一首安魂曲;东海之畔,至今仍翻卷着万顷碧波,似乎在为牺牲的英雄奏起低沉的哀乐。千百年来,为了东海的风平浪静,为了祖国的安宁祥和,多少仁人志士舍生取义,多少英雄奔赴沙场。

如今的东海,早已重现了渔歌唱晚的祥和图景。但那些战火硝烟里铸就的民族丰碑,将永远矗立在东海之畔,留给后人一抹真挚的怀念,一抹深远的情思。

戚继光纪念馆

戚继光纪念馆坐落在义乌市南约20千米的赤岸镇乔亭村。这里地形独特,北面多低山。就在这山谷之中,一座气势宏伟的两檐城楼"凯旋楼"岿然耸立。城楼两侧延伸出一座"长城",顺势蜿蜒,宛如苍龙下山。纪念馆内有明代兵器馆、演武厅、海上抗倭馆、屯田村等。

厦门郑成功纪念馆

郑成功纪念馆是1962年为纪念郑成功收复台湾300周年而建立。郑成功纪念馆,除序厅外,有"郑成功青少年时代"、"报国救民、举义抗清"、"中国宝岛——台湾"、"跨海东征——驱荷复台"、"筚路蓝缕——开发台湾"、"大义彪炳——流芳千世"、"民族精神 激励后人"7个陈列室。纪念馆展出各种文献、资料、照片、图表、绘画、雕塑、模型等800余种,全面地介绍了郑成功光辉的一生。

上海淞沪会战纪念馆

上海淞沪会战纪念馆位于上海市宝山区友谊路1号,于2000年1月建成,同年3月正式对外开放,整个纪念馆占地10.7公顷,建筑面积近7000平方米,由展馆、园林、办公三大区域组成。纪念馆所在地濒江临海,是两次淞沪抗战的主战场。展厅面积近2000平方米,陈列有"抗日战争与上海"、"淞沪抗战史事撷英——血沃淞沪"、"上海郊县抗日武装斗争图片展"等。

东海故事——碧波万顷中的雄浑号角

日出东海落西山。当海风撩开夜晚沉睡的双眸,当东方晨光在苍茫天际扯开一道属于白昼的光芒,东海那浩渺的海面便有了来往的船只,金色沙滩上也唱起风情万种的歌谣。东海细碎晶莹的浪花,分享的是生活的欢乐;东海海底油油的海草,丈量的是自然的奇特;东海此起彼伏的潮音,承载着的是文化的多彩;东海上空的日月星辰,讲述的是亘古不变的浩瀚文明。

隔着岁月的长河打量,东海那些人儿在碧波万顷中缓缓显现,英雄辈出,名士风流,每一个人都给东海这华丽的画卷增添了绚丽的一笔,每一个故事都让东海这壮美的乐章更加激昂,任凭时光流转,任凭岁月如梭,这些人儿屹立在东海之畔,矗立在历史深处,留给后人无尽的遐思与追忆。

悠悠海洋情里,驾一叶扁舟,去追寻世俗生活里点点细微之处的美丽。结伴出海,泛舟歌唱,衣袂飘飞,这是属于东海的人间烟火。焚香祭祀,海洋狂欢,心怀感恩,回馈大海,这是属于东海的灵魂栖息。拨开历史浓厚的云雾,我们或许可以还原色彩斑斓的历史图谱,触摸到东海最强劲有力的脉搏。这图谱里有皮肤黝黑的东海渔民,有心灵手巧的渔家姑娘,有雅拙率真的民间艺术,有神秘久远的动人传说……

月满金沙,惊涛拍岸,多情的文字寄托着最专一的对生活的追求和渴望,华美的辞藻蕴含着朴实的对生活的希冀与梦想。远去的风帆携带着故事里最倔强与执著的相思,沉思的礁石静立在斜阳里聆听着遥远的传奇。这片久违的宁静,浸透的是生活最质朴真实的底色,传递的是最具生活化的艺术。古老的墨汁,曾在这一片海域尽情挥洒,化成一条条灵动的鱼儿。古老的画笔,曾蘸取海洋里最明艳的色彩。所有的明礁暗岛,都是诗词,都是文字;所有的日月山川,都是传说,都是故事。激情莞尔的欢歌,惊涛拍岸的壮美,山岛竦峙的雄浑,百川东入海,都被这一片海域接纳和涵包,化成一股万里入襟的豪迈。

东海的万丈波涛滚滚巨浪,总是涌动着雄浑的气势,奏响着辉煌的号角,泱泱古国龙的气息,从这一片海域弥漫和扩散,商船留下的涟漪,至今仍在梦里回旋。从带着清香气息的茶叶到令人惊叹的奇珍异宝,这片海域带给世俗生活太多太多瑰丽色泽,带给华夏儿女太多太多的自信与豪迈。还有那见证着东海兴衰的一个个港口,在东海的版图之上,若将它们连接起来,便仿佛看到一条丝带飘飘扬扬,看到有一抹霞光闪闪亮亮,有一缕墨痕带着清香,勾勒出这片海洋最伟大的起航……千百年来,无数声名大振的商帮在这里发展和壮大,讲述着海客乘天风的豪迈奔放,歌唱着同舟共济的情深意长。千百年来,这些港口迎来送往,见证着泱泱古国的文明在这里传递弘扬,收获着异国他乡友谊的瑰丽宝藏。

历史的车轮缓缓前行,历史的闸门也一次次被记忆推开,蛰伏千年的历史画卷里,这片海域同样见证了一个民族发出的自强求富的阵阵呐喊。在如火如荼的改革和构建中,尽管故事有所缺失,结局有所遗憾,而那步履艰难的前行终究会将这片海洋变成沃土。这片海域,我们要欣赏,要呵护,更要保卫,要在苍劲雄浑的海风中,坚守住一个民族关于海洋的复兴梦想!

这片辉煌的海域曾布满炮火撕扯的伤口,它的上空也曾硝烟弥漫,给历史留下了沉重深远的叹息。东海曾卷起巨浪荡涤着战场烟云,刮起雄浑海风吹远弥漫的硝烟,历史早已远去,无数英雄志士为了这块版图的安宁与祥和,最终在东海海面上将英魂凝固成不朽的丰碑。滚滚硝烟轰轰炮火之后,历史化成在东海上空孜孜不倦飞舞着的海鸥。曾经的枪炮深埋在碧蓝的海水里,曾经的舰艇俯下了孤傲的身子,世事变迁的背后,藏着一个永不言败的东海,藏着一个永不屈服的东海,它如同华夏儿女的一个慰藉和梦想,代表的,是烟尘滚滚都遮掩不了的灿烂,是硝烟和风暴都摧毁不了的辉煌。

我们放出一个扁舟,让它在历史长河里溯流而上,从这条长河里采撷和打捞那些属于东海的故事——那豪情万丈的英雄事迹,那舞文弄墨的文人骚客,那五光十色的东海风俗,那壮怀激烈的东海记忆,那风情万种的东海生活,用一条绳索穿梭起来挂在历史的苍穹里,海风吹起,便摇动和唱响着生命的歌谣。

辉煌属于过去,未来更待后人的开拓。昨日的晚霞缓缓落下,今日的朝阳冉冉升起,东海,掀开了故事里新的篇章。这些篇章里有新时代成长起来的海洋专家学者,他们为着东海这涌动的碧波呕心沥血,在这一片海域里上下求索,将青春和热血无私奉献给了这片海洋;这些篇章里有新时代里建立起来的军队,为着东海的安宁祥和,为着东海的繁荣富强,为着东海的海面上不再响起战争的枪炮声,他们站立在海防线上,站立在旭日下,站立在寒风中,用坚定的信念谱写着保家卫国的永恒乐章;这些篇章里有新时代里成长起来的商人海客,东海传承给了他们不畏艰险乘风破浪的品质,时代给予了他们新的希望,一批批商人海客驾驶着新型货轮,互通有无传承着文明,用自己的行动给东海增添着无穷魅力……

号角声隔着悠远的历史长廊激荡着的是雄浑的回音,碧波万顷中翻卷着的是道不尽的灿烂辉煌。旭日东升,在这片海域投下金色泽光;龙啸四方,给这片海域增添豪情万丈。久负盛名的东海,面对这些荣辱显得平静淡然,或许这一片蔚蓝知道,她承载的不仅是过去的辉煌与梦想,更寄托着关于未来的期冀与歌唱。前进的号角强劲响亮,东海注定要吸引华夏乃至世界的目光……

图书在版编目（CIP）数据

东海故事/李建筑主编． —青岛：中国海洋大学出版社，2013.6
（魅力中国海系列丛书/盖广生总主编）（2019.4重印）
ISBN 978-7-5670-0331-6

Ⅰ.①东… Ⅱ.①李… Ⅲ.①东海－概况 Ⅳ.①P722.6

中国版本图书馆CIP数据核字（2013）第127093号

东海故事

出 版 人	杨立敏			
出版发行	中国海洋大学出版社有限公司			
社　　址	青岛市香港东路23号			
网　　址	http://www.ouc-press.com			
策划编辑	由元春 电话 0532-85902349	邮政编码	266071
责任编辑	由元春 电话 0532-85902349	电子信箱	youyuanchun67@163.com
印　　制	旭辉（天津）有限公司	订购电话	0532-82032573（传真）
版　　次	2014年1月第1版	印　　次	2019年4月第4次印刷
成品尺寸	185mm×225mm	印　　张	9.5
字　　数	80千	定　　价	38.00元